"十四五"国家重点出版物出版规划项目·重大出版工程

中国学科及前沿领域2035发展战略丛书

学术引领系列

国家科学思想库

中国力学
2035发展战略

"中国学科及前沿领域发展战略研究（2021—2035）"项目组

科学出版社

北　京

内 容 简 介

力学为人类认识自然现象、解决实际工程和技术问题提供理论基础与分析方法，对科学的众多分支学科发展起到支撑、引领与推动作用。21世纪以来，我国力学学科在科技前沿和国家需求的双重驱动下，为国家科技与教育事业、经济发展和国防建设做出了重大贡献，在国际力学界的影响日益增强。《中国力学 2035 发展战略》面向 2035 年，探讨了国际力学学科前沿发展趋势和将我国建设成国际力学强国的可持续发展策略，深入阐述了力学领域总体及各分支学科的科学意义与战略价值、发展规律及研究特点，系统分析了力学学科的发展现状与发展态势，凝练了力学学科的发展思路与发展方向，并提出了我国相应的优先发展领域和政策建议。

本书为相关领域战略与管理专家、科技工作者、企业研发人员及高校师生提供了研究指引，为科研管理部门提供了决策参考，也是社会公众了解力学学科发展现状及趋势的重要读本。

图书在版编目（CIP）数据

中国力学 2035 发展战略 / "中国学科及前沿领域发展战略研究（2021—2035）"项目组编 . —北京：科学出版社，2023.5
（中国学科及前沿领域 2035 发展战略丛书）
ISBN 978-7-03-075244-4

Ⅰ.①中…　Ⅱ.①中…　Ⅲ.①力学－发展战略－研究－中国　Ⅳ.①O3-12

中国国家版本馆 CIP 数据核字（2023）第 047275 号

丛书策划：侯俊琳　朱萍萍
责任编辑：侯俊琳　唐　傲　张翠霞 / 责任校对：张小霞
责任印制：师艳茹 / 封面设计：有道文化

科 学 出 版 社 出版
北京东黄城根北街 16 号
邮政编码：100717
http://www.sciencep.com
中国科学院印刷厂 印刷
科学出版社发行　各地新华书店经销
*
2023 年 5 月第 一 版　开本：720×1000　1/16
2023 年 5 月第一次印刷　印张：15 1/2
字数：181 000

定价：108.00 元
（如有印装质量问题，我社负责调换）

"中国学科及前沿领域发展战略研究（2021—2035）"

联合领导小组

组　长　常　进　李静海

副组长　包信和　韩　宇

成　员　高鸿钧　张　涛　裴　钢　朱日祥　郭　雷
　　　　杨　卫　王笃金　杨永峰　王　岩　姚玉鹏
　　　　董国轩　杨俊林　徐岩英　于　晟　王岐东
　　　　刘　克　刘作仪　孙瑞娟　陈拥军

联合工作组

组　长　杨永峰　姚玉鹏

成　员　范英杰　孙　粒　刘益宏　王佳佳　马　强
　　　　马新勇　王　勇　缪　航　彭晴晴

《中国力学2035发展战略》

研 究 组

组　长　胡海岩

副组长　郑晓静　何国威

成　员（以姓氏笔画为序）

于起峰　王铁军　方岱宁　杨　卫　杨绍普

张统一　陆夕云　陈十一　郭万林　韩杰才

翟婉明　魏悦广

秘 书 组

组　长　王铁军

副组长　陆夕云　杨绍普　龙　勉　冯西桥

成　员（以姓氏笔画为序）

王晋军　卢同庆　田　强　冯　雪　曲绍兴

刘　桦　刘青泉　李玉龙　陈立群　孟松鹤

段慧玲　郭　旭　彭志科　戴兰宏

总　　序

党的二十大胜利召开，吹响了以中国式现代化全面推进中华民族伟大复兴的前进号角。习近平总书记强调"教育、科技、人才是全面建设社会主义现代化国家的基础性、战略性支撑"[①]，明确要求到 2035 年要建成教育强国、科技强国、人才强国。新时代新征程对科技界提出了更高的要求。当前，世界科学技术发展日新月异，不断开辟新的认知疆域，并成为带动经济社会发展的核心变量，新一轮科技革命和产业变革正处于蓄势跃迁、快速迭代的关键阶段。开展面向 2035 年的中国学科及前沿领域发展战略研究，紧扣国家战略需求，研判科技发展大势，擘画战略、锚定方向，找准学科发展路径与方向，找准科技创新的主攻方向和突破口，对于实现全面建成社会主义现代化"两步走"战略目标具有重要意义。

当前，应对全球性重大挑战和转变科学研究范式是当代科学的时代特征之一。为此，各国政府不断调整和完善科技创新战略与政策，强化战略科技力量部署，支持科技前沿态势研判，加强重点领域研发投入，并积极培育战略新兴产业，从而保证国际竞争实力。

擘画战略、锚定方向是抢抓科技革命先机的必然之策。当前，新一轮科技革命蓬勃兴起，科学发展呈现相互渗透和重新会聚的趋

---

①　习近平. 高举中国特色社会主义伟大旗帜 为全面建设社会主义现代化国家而团结奋斗——在中国共产党第二十次全国代表大会上的报告.北京：人民出版社，2022：33.

势，在科学逐渐分化与系统持续整合的反复过程中，新的学科增长点不断产生，并且衍生出一系列新兴交叉学科和前沿领域。随着知识生产的不断积累和新兴交叉学科的相继涌现，学科体系和布局也在动态调整，构建符合知识体系逻辑结构并促进知识与应用融通的协调可持续发展的学科体系尤为重要。

擘画战略、锚定方向是我国科技事业不断取得历史性成就的成功经验。科技创新一直是党和国家治国理政的核心内容。特别是党的十八大以来，以习近平同志为核心的党中央明确了我国建成世界科技强国的"三步走"路线图，实施了《国家创新驱动发展战略纲要》，持续加强原始创新，并将着力点放在解决关键核心技术背后的科学问题上。习近平总书记深刻指出："基础研究是整个科学体系的源头。要瞄准世界科技前沿，抓住大趋势，下好'先手棋'，打好基础、储备长远，甘于坐冷板凳，勇于做栽树人、挖井人，实现前瞻性基础研究、引领性原创成果重大突破，夯实世界科技强国建设的根基。"[①]

作为国家在科学技术方面最高咨询机构的中国科学院（简称中科院）和国家支持基础研究主渠道的国家自然科学基金委员会（简称自然科学基金委），在夯实学科基础、加强学科建设、引领科学研究发展方面担负着重要的责任。早在新中国成立初期，中科院学部即组织全国有关专家研究编制了《1956—1967年科学技术发展远景规划》。该规划的实施，实现了"两弹一星"研制等一系列重大突破，为新中国逐步形成科学技术研究体系奠定了基础。自然科学基金委自成立以来，通过学科发展战略研究，服务于科学基金的资助与管理，不断夯实国家知识基础，增进基础研究面向国家需求的能力。2009年，自然科学基金委和中科院联合启动了"2011—2020年中国学科发展

① 习近平. 努力成为世界主要科学中心和创新高地 [EB/OL]. (2021-03-15). http://www.qstheory.cn/dukan/qs/2021-03/15/c_1127209130.htm[2022-03-22].

战略研究"。2012 年，双方形成联合开展学科发展战略研究的常态化机制，持续研判科技发展态势，为我国科技创新领域的方向选择提供科学思想、路径选择和跨越的蓝图。

联合开展"中国学科及前沿领域发展战略研究（2021—2035）"，是中科院和自然科学基金委落实新时代"两步走"战略的具体实践。我们面向 2035 年国家发展目标，结合科技发展新特征，进行了系统设计，从三个方面组织研究工作：一是总论研究，对面向 2035 年的中国学科及前沿领域发展进行了概括和论述，内容包括学科的历史演进及其发展的驱动力、前沿领域的发展特征及其与社会的关联、学科与前沿领域的区别和联系、世界科学发展的整体态势，并汇总了各个学科及前沿领域的发展趋势、关键科学问题和重点方向；二是自然科学基础学科研究，主要针对科学基金资助体系中的重点学科开展战略研究，内容包括学科的科学意义与战略价值、发展规律与研究特点、发展现状与发展态势、发展思路与发展方向、资助机制与政策建议等；三是前沿领域研究，针对尚未形成学科规模、不具备明确学科属性的前沿交叉、新兴和关键核心技术领域开展战略研究，内容包括相关领域的战略价值、关键科学问题与核心技术问题、我国在相关领域的研究基础与条件、我国在相关领域的发展思路与政策建议等。

三年多来，400 多位院士、3000 多位专家，围绕总论、数学等18 个学科和量子物质与应用等 19 个前沿领域问题，坚持突出前瞻布局、补齐发展短板、坚定创新自信、统筹分工协作的原则，开展了深入全面的战略研究工作，取得了一批重要成果，也形成了共识性结论。一是国家战略需求和技术要素成为当前学科及前沿领域发展的主要驱动力之一。有组织的科学研究及源于技术的广泛带动效应，实质化地推动了学科前沿的演进，夯实了科技发展的基础，促进了人才的培养，并衍生出更多新的学科生长点。二是学科及前沿领域的发展促进深层次交叉融通。学科及前沿领域的发展越来越呈现出多学科相互渗透的发展态势。某一类学科领域采用的研究策略和技术体系所产生的基础理论与方法论成果，可以作为共同的知识基础适用于不同学科领域的多个研究方向。三是科研范式正在经历深刻变革。解决系统性复杂问题成为当前科学发展的主要目标，导致相应的研究内容、方法和范畴等的改变，形成科学研究的多层次、多尺度、动态化的基本特征。数据驱动的科研模式有力地推动了新时代科研范式的变革。四是科学与社会的互动更加密切。发展学科及前沿领域愈加重要，与此同时，"互联网＋"正在改变科学交流生态，并且重塑了科学的边界，开放获取、开放科学、公众科学等都使得越来越多的非专业人士有机会参与到科学活动中来。

"中国学科及前沿领域发展战略研究（2021—2035）"系列成果以"中国学科及前沿领域2035发展战略丛书"的形式出版，纳入"国家科学思想库－学术引领系列"陆续出版。希望本丛书的出版，能够为科技界、产业界的专家学者和技术人员提供研究指引，为科研管理部门提供决策参考，为科学基金深化改革、"十四五"发展规划实施、国家科学政策制定提供有力支撑。

在本丛书即将付梓之际，我们衷心感谢为学科及前沿领域发展战略研究付出心血的院士专家，感谢在咨询、审读和管理支撑服务方面付出辛劳的同志，感谢参与项目组织和管理工作的中科院学部的丁仲礼、秦大河、王恩哥、朱道本、陈宜瑜、傅伯杰、李树深、李婷、苏荣辉、石兵、李鹏飞、钱莹洁、薛淮、冯霞，自然科学基金委的王长锐、韩智勇、邹立尧、冯雪莲、黎明、张兆田、杨列勋、高阵雨。学科及前沿领域发展战略研究是一项长期、系统的工作，对学科及前沿领域发展趋势的研判，对关键科学问题的凝练，对发展思路及方向的把握，对战略布局的谋划等，都需要一个不断深化、积累、完善的过程。我们由衷地希望更多院士专家参与到未来的学科及前沿领域发展战略研究中来，汇聚专家智慧，不断提升凝练科学问题的能力，为推动科研范式变革，促进基础研究高质量发展，把科技的命脉牢牢掌握在自己手中，服务支撑我国高水平科技自立自强和建设世界科技强国夯实根基做出更大贡献。

"中国学科及前沿领域发展战略研究（2021—2035）"

联合领导小组

2023 年 3 月

前　言

　　力学是人类历史上对自然认识的第一次科学的理论概括，带动了自然科学的全面发展，并不断推进认识论与方法论的进步。力学将认识自然与工程技术发展结合，开启了人类大规模利用和改造自然的时代。马克思曾经说过："力学是大工业的真正科学的基础。"钱学森曾说过："不可能设想，不要现代力学就能实现现代化。"

　　力学催生了第一次工业革命，并对第二、第三次工业革命及正在发生的技术变革产生了重要推动作用，已成为支撑现代工业技术的基础学科，在世界各强国的科学技术布局中均占有独特地位。随着我国科学技术和经济社会的快速发展，力学无论是在创新研究能力上，还是在研究的广度和深度上都发生了深刻的变化，呈现出以下几个新特征：一是从研究对象看，当代力学既紧密围绕物质科学和复杂流动中的非线性、跨尺度、极端物性和极端使役环境等前沿问题，又直接面向高端装备、基础设施、能源环境、生命健康等重大需求，力学的前沿基础研究和应用研究同时发力，谋求良性互动；二是从研究手段看，现代工程系统、装备系统、生命系统日趋复杂，这要求力学建模更加精准，计算方法和实验技术不断更新，因此当代力学重视建立新模型和新理论，发展新算法和新实验技术，并在研制新软件、新仪器上抢占制高点；三是从发展趋势看，当代力学不仅通过广泛的多学科交叉产生了生物力学、环境力学、爆炸与冲击动力学、物理力学等新兴学科分支,而且深度融入材料、制造、能源、环境、健康等领域,不仅丰富了力学研究的内涵,同时扩充了力学服务国家创新驱动发展战略的广度与深度,使力学学科持续保持旺盛的生命力。

2019年8月,在中国科学院和国家自然科学基金委员会的统一部署下,中国力学学科发展战略研究(2021~2035)工作正式启动,并成立了研究组和秘书组。胡海岩院士任研究组组长,郑晓静院士和何国威院士任研究组副组长;王铁军教授任秘书组组长,陆夕云院士、杨绍普教授、冯西桥教授和龙勉教授任秘书组副组长。

自中国力学学科发展战略研究(2021~2035)工作启动以来,研究组和秘书组多次召开工作会议,讨论和确定研究报告的指导思想、整体架构、体例等,研究新时代力学学科的定义、体系结构、优先发展领域、交叉研究领域、保障措施等重要问题。在21世纪以来历次力学学科发展战略研究成果的基础上,本次力学学科发展战略研究更加重视"四个面向"——面向世界科技前沿、面向经济主战场、面向国家重大需求、面向人民生命健康,着力体现力学学科在新时代的发展思路:一是重视力学学科的发展前沿,探索力学基础研究的新理论、新方法等;二是突出力学服务国家创新驱动发展战略,谋划与国家重大需求、国民经济发展和人民生命健康等密切相关的研究方向和能力建设;三是结合国家"十四五"规划、新型基础设施建设、国家重大计划、国家重大工程等,谋划新时代力学相关研究方向和应用领域。

本研究报告包括力学学科总论和力学学科各分支学科分论。在总论部分,重点论述力学学科的科学意义、战略价值、发展规律、研究特点、发展现状、发展态势、总体思路、发展方向、资助机制与政策建议等。在分论部分,分别论述力学各分支学科的相关问题,涉及动力学与控制、固体力学、流体力学和交叉力学(以生物力学、环境力学、爆炸与冲击动力学、物理力学为主）。邀请了各分支学科专家撰写相关条款，并通过多种方式，广泛征集了上述各分支学科的专家意见，并广泛征求了力学界相关学者的意见，使报告得到进一步的完善。

本研究报告是在研究组和秘书组充分调研和深入交流的基础上，由众多力学工作者共同完成的，得到众多力学专家的关心和帮助。国家自然科学基金委员会数学物理科学部孟庆国副主任、雷天刚处长和张攀峰处长高度重视力学学科发展战略研究工作，全程参与调研工作和历次工作会议，提出许多具体的意见和建议，对提升研究报告质量发挥了重要作用。在此一并致以衷心的感谢！

胡海岩

《中国力学 2035 发展战略》研究组组长

2022 年 6 月

摘　　要

力学是关于物质相互作用和运动的科学，研究介质运动、变形、流动的宏观与微观力学过程，揭示力学过程及其与物理学、化学、生物学等过程的相互作用规律与机理。力学为人类认识自然和生命现象、解决实际工程和技术问题提供理论基础与分析方法，是自然科学知识体系的重要组成部分，对科学技术的众多学科分支的发展起到支撑、引领与推动作用。我国具有完整的力学学科体系，包含动力学与控制、固体力学、流体力学等主要分支学科，以及生物力学、环境力学、爆炸与冲击动力学、物理力学等重要交叉学科。本报告共分为五章，报告内容包括力学总体及各分支学科的科学意义与战略地位、发展规律与研究特点、发展现状与发展态势、发展思路与发展方向，以及资助机制与政策建议。

1. 力学的科学意义与战略地位

力学是人类历史上对自然认识的第一次科学的理论概括，带动了自然科学的全面发展，并不断推进人类认识论与方法论的进步。力学把认识自然与工程技术发展结合起来，从而开启了人类大规模利用和改造自然的时代。马克思曾经说过："力学是大工业的真正科学的基础。"钱学森曾说过："不可能设想，不要现代力学就能实现现代化。"力学催生了第一次工业革命，并对第二、第三次工业革命及正在发生的技术变革产生了重要推动作用，已成为支撑现代工业技术的基础学科。力学具有旺盛的生命力，并不断自我完善，具有促进学科交叉、探求认知突破、应对复杂与不确定性系统、培养创新型和综合型人才的重要作用，在支撑社会现代化、增强原始创新能力、保障国家安全等方面具有不可替代性，在世界各强国的科学技术布局中均占有独特地位。

力学的科学意义与战略价值体现在如下五个方面。

（1）力学是重要的基础学科，与自然科学的众多学科深度交叉与融合，并对各门自然科学的发展起到重要的引导、示范与推动作用。

（2）力学是工程科学的基础，解决工程设计、制造和使役中的关键科学问题，对现代工业发展起着不可或缺的支撑作用。

（3）力学研究自然界与工程技术中最基本的作用规律与机制，具有鲜明的普适性和系统性特征，可以培养杰出的工程科学人才。

（4）力学具有持续而旺盛的生命力，始终与自然科学、工业技术及人类生命健康相伴而行，在我国创新驱动发展和现代化强国战略中具有关键作用。

（5）力学服务于现代工程和经济建设的诸多领域，同时具有广袤的疆域和强大的开拓能力，多学科交叉特点显著。

2. 力学的发展规律与研究特点

（1）力学具有基础性和应用性，呈现"双力驱动"的发展规律。它不仅为现代科学奠定了重要基础，而且催生了第一次工业革命。当代力学发展既紧密围绕物质科学中的非线性、跨尺度等前沿问题，又直接面向高端装备、基础设施、能源环境、生命健康等重大需求。国际力学强国均在力学的基础研究和应用研究上同时发力，谋求两者良性互动。

（2）力学通过提出模型进行定量研究，且不断提升模型的描述和预测能力。现代工程系统日趋复杂，物理性质和使役环境日趋极端化，其力学研究要求建模更加精准，计算方法和实验技术不断更新。与此同时，当前的力学研究还针对力学计算、设计和控制，简化、验证和改进模型。国际力学强国均重视提出新模型、新理论、新计算方法、新测试技术，并在研制新软件、新仪器上抢占制高点。

（3）力学与众多学科产生交叉，在交叉中实现创新和发展。力学现象的普遍性和力学方法的普适性使力学与其他学科不断融合创新。当代力学不仅通过交叉产生了生物力学、环境力学、爆炸与冲击动力学、物理力学等新兴学科分支，而且深度融入制造、材料、能源、环境、健康等领域，解决重大技术问题。国际力学强国均重视学科交叉和融合创新。

3. 力学的发展目标、发展思路、主要研究方向和关键科学问题

我国已经形成了完整的力学学科体系，设有动力学与控制、固体力学、流体力学等分支学科，以及生物力学、环境力学、爆炸与冲击动力学、物理力学等交叉学科。我国力学学科发展呈现出由科学前沿和国家需求共同牵引的"双力驱动"规律，在基础研究和应用研究上同时发力，谋求两者互动。20 世纪 50 年代以来，力学在我国工业体系及国防体系建设中发挥了不可替代的重要作用。近年来，我国学者在力学国际顶级期刊上发表论文数和论文引用数量均位居世界第二；在国际理论与应用力学联盟（International Union of Theoretical and Applied Mechanics，IUTAM）中，我国是与美国并列的两个最高等级会员国之一；在高超声速飞行器、高速轨道交通、海洋装备等国家重大工程中，力学学科发挥了不可替代的重要作用。

1）发展目标

我国力学学科的发展目标是：服务国家创新驱动发展战略，到 2035 年左右建设成为国际力学强国，为中华民族伟大复兴提供强有力的学科支撑。

2）发展思路

力学发展要坚持"四个面向"，即面向世界科技前沿、面向经济主战场、面向国家重大需求、面向人民生命健康，不断向科学技术的广度和深度进军。我国力学学科的发展思路如下。

（1）瞄准并开拓学科国际发展前沿，突出重点前沿基础研究，推进优势研究方向的发展，全面提升力学学科的研究水平，在主要研究方向上达到世界领先水平，在具有全局影响性的基础研究领域获得原创性重大研究成果，提高我国力学学科的国际地位和影响力。

（2）立足国家重大科技布局中的学科需求，突出重大需求牵引的应用基础研究。以实现科学原始创新为目标，发展力学学科的新概念、新理论、新方法和新测试技术，以支撑我国在航空航天、轨道交通、能源环境、海洋工程等领域的重大需求和国民经济的发展，为我国科学技术的自立自强做出引领性的贡献。

（3）积极促进与其他学科的交叉融合，拓展学科的研究领域和范围，积极培育新的学科生长点，促进新兴学科的发展与布局，服务国家重大需求和人民生命健康。

（4）加强力学人才培养，完善与提升力学教育体系，培养一批杰出的力学领军人才，打造一支高水平的力学研究队伍，建设一流力学学术期刊和交流平台，为我国经济社会发展和面对激烈国际科技竞争提供源头创新知识，高水平、高层次人才队伍，以及平台支撑。

（5）注重优势学科与薄弱学科的平衡。一方面，力学学科在与其他领域融合交叉的过程中产生了很多前沿和新兴领域，但这些前沿和新兴领域的学者数量相对较少，难以形成系统的学科；另一方面，在力学学科交叉融合的过程中，传统的力学基础学科开始呈现出"青黄不接"导致的净流失现象。由于这些前沿和新兴领域是力学学科的基础，若停滞不前终将影响整个学科的健康可持续发展，需要加以政策鼓励和扶持，加大经费支持力度，促成评价体系改革，从而吸引更多的学者，逐步扩大规模和影响。

（6）加强力学研究基地建设、大型实验平台建设与实验仪器设备研制。一方面，应布局建设能够支撑国家战略需求的力学类国家重点实验室。国家战略中涉及载人航天与探月、大型飞机、航空发动机与重型燃气轮机、核电装备、轨道交通、海洋工程平台等一系列重大装备和工程，各种大型结构与装备的设计与可靠性评价对力学提出了更高要求。另一方面，应布局建设面向国际前沿、多学科交叉的力学类国家重点实验室。面向力学学科的新增长点，应从长远布局建设面向多学科交叉同时以力学为主导的国家重点实验室。

3）主要研究方向和关键科学问题

我国力学学科的优先发展领域、主要研究方向和关键科学问题如下。

（1）复杂系统动力学机理认知、设计与调控。主要研究方向为非线性动力学、随机动力学、多体系统动力学；关键科学问题为含非线性、不确定性的动力学分析，复杂系统及其动态载荷辨识，系统动力学拓扑设计与控制。

（2）新材料的变形与破坏。主要研究方向为新材料的本构关系、破坏理论、多尺度力学行为、实验与计算新方法；关键科学问题为新材料的本构关系与强度理论、新材料的破坏失效行为、动态载荷下的新材料变形与破坏。

（3）新结构的力学设计与分析。主要研究方向为新结构设计、安全寿命评估、复杂载荷响应分析；关键科学问题为多功能驱动的新结构设计、重大装备的结构力学、新结构的复杂响应。

（4）高速流动的多物理过程。主要研究方向为流动过程中力、热、声等多因素耦合作用，流动计算模型，复杂流动现象的复现；关键科学问题为多物理过程耦合、复杂流动机制及控制、流动－运动－变形耦合作用。

（5）湍流多尺度结构相互作用。主要研究方向为湍流多尺度结构的动力学、时空关联理论和模型、高精度计算和实验测量；关键科学问题为湍流多尺度结构演化、湍流时空耦合特征与湍流噪声、多相颗粒湍流、含相变的多相湍流。

（6）交叉力学。主要研究方向为极端条件下的复杂介质力学、多相多场功能系统的物理力学理论与方法、生命体的力学表征与调控；关键科学问题为极端条件下的复杂介质的演化，离散与连续关联的跨时空尺度力学，物理力学的理论与方法、实验方法与技术、信息和智能性质，生命介质的力学表征与跨尺度耦合，医疗与健康中的生物力学，生物材料设计与特殊环境生理适应性。

4. 资助机制与政策建议

研究资助体系对力学学科发展至关重要，主要思路是：保持基础研究队伍的适度规模，稳定支持力学基本科学问题和前沿领域的基础研究，引导结合国家需求开展基础研究，培养一批青年人才和优秀学术带头人。

针对我国力学学科的发展现状，特别提出保障力学学科发展的措施建议：强化力学的基础学科地位，促进力学学科的前沿发展；加大对力学实验方法和技术的支持力度，加快力学实验基地和实验平台的建设；加强力学计算支撑平台建设，推动国产力学计算软件发展；促进资源共享与合作交流平台建设，提高资源使用效率；重视学科交叉，促进创新型和复合型力学人才成长；加强人才队伍建设，积极培养优秀青年学者；大力提升力学类国内期刊的质量和影响力。

5. 力学学科各分支学科

1）动力学与控制

动力学与控制是研究系统动态特性、动态行为与激励之间的关系及其调节的力学分支学科。动力学与控制学科的主要研究范畴包括自然界和工程领域中的动力学一般原理、系统建模，以及分析、设计与控制的理论和方法等。该学科以动态的观点研究高维、非线性、非光滑、不确定性、多场耦合、复杂网络等系统的运动形式、随时间变化规律及其控制策略，揭示力与系统运动之间的关系，有目标地调节系统的运动形式和动态特性，为认识自然现象和工程分析、设计提供理论方法和分析工具。

2）固体力学

固体力学是研究固体介质及其结构系统的受力、变形、破坏以及相关变化和效应的力学分支学科，是力学学科中规模最大的二级学科。固体变形与破坏几乎涉及人类生活的各个方面，如在各类结构与装备、各个工程技术领域，以及地震、滑坡、雪崩等多种自然灾害之中，均会出现固体的变形与破坏现象。固体物质具有多样性，其受力后的响应千差万别，具有明显的非线性和多尺度特征，如弹性、塑性、蠕变、断裂、疲劳等。固体力学研究各种载荷条件下材料与结构的变形与强度，为认识固体变形与破坏机理、工程结构与装备分析、设计和服役可靠性评价提供理论、方法和手段。

3）流体力学

流体力学是研究流体介质的特性、状态和在各种力的驱动下发生的流动以及质量、动量、能量输运规律的力学分支学科。流体介质广泛地存在于自然界和工程技术领域，从宇宙中巨大的天体星云到包围地球的大气层，从地球表面无垠的海洋到地球内部炙热的岩浆，从动物血管中的血液到各种工业管道内的石油和天然气。由于流体物理性质、流动状态和受力环境等复杂，流体力学问题呈现出非定常、非平衡、多尺度、多场耦合、强非线性等基本特征。流体力学的湍流问题是自然科学未解决的经典问题之一。流体力学为航空、航天、能源、交通领域的发展奠定了基础。

4）交叉力学

交叉性强是力学学科的一个基本特点。力学与其他科学之间的碰撞将推动力学在新时代的发展，成为力学进步的新动力。随着与其他学科的交叉越来越广泛与深入，力学所涉及对象的复杂性也越来越突出，出现了一系列处于科学前沿的新问题和新领域。交叉力学以力学为牵引，通过介质交叉、层次交叉、刚柔交叉、质智交叉等多个方面，实现多学科的交叉和融合。同时，力学作为科学与工程之间的桥梁，连接不同领域的基础与应用研究。交叉力学研究呈现出多场耦合、时空多尺度等复杂特征，其研究的深入与发展均离不开力学科学的发展，同时也催生出系列新概念、新理论和新方法。

Abstract

Mechanics refers to the science of interactions and movements of matters, focusing on the macro- and micro-mechanical processes of movement, deformation and flow of various media. It reveals the mechanical processes and mechanisms of interactions with physical, chemical, biological and other processes. Mechanics provides both theoretical basis and analytical methods for humans to understand natural and life phenomena and solve practical problems. As an important branch of natural sciences, it has led, supported and promoted the development of many branches of science and technology. A complete disciplinary system of mechanics has been established in China, which contains the major sub-disciplines such as dynamics and control, solid mechanics and fluid mechanics, as well as important inter-disciplines such as biomechanics, environmental mechanics, explosion and impact dynamics, and physical mechanics. This report consists of five chapters, which cover the scientific significance and strategic status, the development laws and research characteristics, the status and the trend of development, as well as the funding mechanism and policy recommendations for overall mechanics and each sub-discipline.

1. The scientific significance and strategic status of mechanics

Mechanics is the earliest summary of scientific theory in the history of natural cognition of human beings. It led to the overall development of natural sciences and continuously promoted the advancement of human epistemology and methodology. Mechanics combines human's understanding of nature with the development of technology and engineering, opening up the era of large-scale utilization and transformation of nature. Karl Marx wrote that mechanics is the true scientific basis of large-scale industry. Xuesen Qian (Hsue-shen Tsien) once said that it is impossible to imagine that modernization would be achieved without modern mechanics. Mechanics gave birth to the first industrial revolution, played an important role in promoting the second and third industrial revolutions, and served as the fundamentals for technologies in modern industry. With vigorous vitality and continuous self-improvement, mechanics plays an important role in promoting inter-disciplinary fields, exploring cognitive breakthroughs, coping with complex and uncertain systems, and cultivating innovative and comprehensive talents. Mechanics is irreplaceable in supporting social modernization, enhancing original innovation capabilities and ensuring national security, occupying a unique position in the scientific and technological layout of world powers.

The past centuries have witnessed the strategic values of mechanics in the following five aspects.

(1) Mechanics is an important basic subject, deeply intersecting and integrating with many subjects of natural sciences, and plays an important role in leading, demonstrating and promoting the development of various natural sciences.

(2) Mechanics is the foundation of engineering science, which solves key scientific problems during the design, manufacturing and service of engineering systems, and plays an indispensable supporting role in the development of modern industry.

(3) Mechanics deals with the most basic rules and mechanisms of natural sciences, technology and engineering. With distinct universality and systematism, it cultivates outstanding talents in engineering science.

(4) Mechanics has a continuous and exuberant vitality, accompanied by the progress of natural sciences, technology and engineering, and human's life and health, and plays a key role in the innovation-driven development and the modernization strategy in China.

(5) Mechanics serves various fields of modern engineering and economic construction, has a broad research area and powerful development ability, and has the remarkable characteristic of inter-disciplinarity.

2. The development laws and research characteristics of mechanics

(1) Mechanics has both fundamentality and applicability, showing its law of development as what we call "driven by a pair of forces". It not only laid an important foundation for modern science, but also gave birth to the first industrial revolution. Nowadays, the development of mechanics not only closely ties with the frontier issues of non-linearity and trans-scales in material science, but also involves the major needs such as the advanced equipment, infrastructures, energy and environment, as well as life and health. The world's powers in mechanics all have been making their efforts to promote both basic research and applied research of mechanics, seeking a benign interaction between these two.

(2) Mechanics conducts quantitative research by establishing models, and continuously improves the description and prediction capabilities of the models. As the modern engineering systems become more and more complex, and the physical properties and service environment of those systems are more and more extreme, and the studies on their mechanics require more accurate mechanical modeling and repeatedly updating of

computational methods and experimental techniques. Meanwhile, the models need to be simplified, verified and modified for the purpose of computations, designs and controls. The world's powers in mechanics all have been attaching importance to proposing novel models, theories, computational methods and experimental techniques, seizing the commanding heights in the development of new software and advanced instruments.

(3) Mechanics intersects with many subjects, achieving innovation and development during intersection. Mechanics continues to integrate and innovate with other disciplines due to the universality of phenomena and the applicability of methods of mechanics. Nowadays, new disciplines such as biomechanics, environmental mechanics, explosion and impact dynamics, as well as physical mechanics, have been developed from mechanics. Moreover, by deeply integrating into manufacturing, materials, energy, environments and human's health, mechanics aims to solve major technical issues in these areas. The world's powers in mechanics all have been attaching importance to inter-disciplinary and integrated innovation.

3. The development goals, development ideas, main research directions and key scientific issues of mechanics

A complete disciplinary system of mechanics has been established in China, with major sub-disciplines such as dynamics and control, solid mechanics and fluid mechanics, as well as inter-disciplines such as biomechanics, environmental mechanics, explosion and impact dynamics, and physical mechanics. The development of Chinese mechanics has been "driven by a pair of forces". That is, a pair of driving forces comes from both frontiers of science and major needs of the nation. Great efforts have been made in basic research and applied research of mechanics to seek the interaction between these two. Mechanics has played an irreplaceable role in the construction of Chinese industrial system and national defense system since the 1950s. The numbers of both publications and citations of Chinese scientists in the top international journals of mechanics have ranked the second in recent years. China is one of the two highest-ranking state members alongside the United States of America in the International Union of Theoretical and Applied Mechanics (IUTAM). Mechanics has played an irreplaceable role in major state projects such as hypersonic flight vehicles, high-speed railway trains and marine equipment.

1) The development goals of mechanics

The development goals of Chinese mechanics are to serve the nation's innovation-driven development strategy, to help China become a world powerhouse in mechanics by around 2035, and to provide strong disciplinary support for the great rejuvenation of the Chinese nation.

2) The development ideas of mechanics

The development of mechanics must adhere to the "Four Orientations". That is, it should meet the specific needs of the frontiers of both science and technology in the world, the main economic battlefield, the major national needs, and human's life and health, and continuously march into the breadth and depth of science and technology. The development ideas of Chinese mechanics are as follows.

(1) We should aim at the frontier of mechanics in the world, highlight the key basic researches in cutting-edge fields, promote the development of advantageous research directions, comprehensively improve the research level of mechanics, reach the world's leading level in the main research directions, and make original and major achievements in basic researches with global influence, and improve the international status and influence of Chinese mechanics.

(2) Based on the disciplinary needs of the Chinese major scientific and technological layout, we should highlight the basic applied researches driven by major needs of the nation. With the goal of achieving original scientific innovations, we should propose novel concepts, theories, methods and experimental techniques in mechanics to meet the major needs of the nation in the fields of aerospace engineering, railway engineering, energy and environment engineering, and ocean engineering, and economic developments. We should make the leading contributions to the self-reliance and self-renewal of the nation in science and technology.

(3) We should actively promote the intersection and integration of mechanics and other disciplines, expand the research fields, and cultivate new disciplines, thereby promoting the development and layout of emerging disciplines and serving the major national needs and human's life and health.

(4) We should strengthen the training of talents in mechanics, and improve and upgrade the educational system in mechanics. By cultivating a group of outstanding leaders in mechanics, building a high-level research team in mechanics, and developing the top journals and communication platforms of mechanics, the mechanics discipline will provide original innovations, high-level and high-quality teams, and platforms to the Chinese economic and social developments and well cope with the fierce international technological competition.

(5) We should pay attention to the balance between superior and weak subjects. On the one hand, mechanics has developed many frontiers and emerging fields in the process of intersecting and integrating with other fields in recent years. However, the researchers in these frontiers and emerging fields are not enough, making it difficult for these fields to become systematic disciplines. On the other hand, there are not enough trained younger researchers ready to take over from older ones

in traditional basic mechanics during the cross-integration process. As these frontiers and emerging fields are the foundations of mechanics, the stagnation will eventually affect the healthy and sustainable developments of the entire discipline. It is necessary, thus, to provide policy encouragement and funding support, and promote the reformation of the evaluation system, so as to attract more researchers and gradually expand the scale and influence of mechanics.

(6) It is essential to enhance the construction and development of research bases, large experimental facilities and advanced experimental instruments in mechanics. On the one hand, it is urgent to build the state key laboratories of mechanics that can support the national strategic needs, such as the space station and lunar exploration, large aircraft, aero-engines and heavy gas turbines, nuclear power equipment, offshore engineering platforms, large deep-sea platforms, and high-speed trains. Besides, the design and reliability evaluation of various large-scale structures and equipment have set higher requirements on mechanics. On the other hand, it is necessary to establish inter-disciplinary state key laboratories of mechanics oriented to the frontiers of science and technology. Facing the new developments of mechanics, the state key laboratories for mechanics-oriented multi-disciplines should be planned and constructed prospectively.

3) The main research directions and key scientific issues of mechanics

The development fields to which we should give priority, main research directions and key scientific issues of Chinese mechanics are as follows.

(1) Cognition, design and control of complex system dynamics. The main research directions are non-linear dynamics, stochastic dynamics and dynamics of flexible multibody system. The key scientific issues are

the dynamic analysis with non-linearity and uncertainty, the identification of complex systems and their dynamic loads, and the topology design and control of systems dynamics.

(2) Deformation and failure of novel materials. The main research directions are constitutive laws of novel materials, the failure theories, the multi-scale mechanical behaviors, and the new computational and experimental techniques. The key scientific issues are the constitutive laws and strength theories of novel materials, the destruction and failure behaviors of novel materials, and the deformation and failure of novel materials under dynamic loads.

(3) Mechanical design and analysis of new structures. The main research directions are the design of new structures, the evaluation of safety and service life, and the response analysis of complex loads. The key scientific issues are the new structure design driven by multi-functions, the structural mechanics of major equipment and the complex response of new structures.

(4) The multi-physical processes of high-speed flow. The main research directions are the coupling effect of forces, heat, sound and other factors in complex flows, the computational model of flow, and the reproduction of complex phenomena. The key scientific issues arc the coupling of multi-physical processes, the complex flow mechanism and control, and the flow-motion-deformation coupling effect.

(5) The multi-scale interaction in turbulent flows. The main research directions are the dynamics of multi-scale structures of turbulence, the theories and models of spatial-temporal correlation, and high-precision computations and experimental measurements. The key scientific issues are the evolution of multi-scale structures of turbulence, the spatial-temporal coupling characteristics of turbulence and turbulent noise, the multiphase particle turbulence, and the multiphase turbulence with phase transitions.

(6) X-mechanics. The main research directions are the complex

medium mechanics under extreme conditions, physical mechanics theories and methods of multiphase and multi-field functional systems, and the mechanical characterization and control of living bodies. The key scientific issues are the evolution of complex media under extreme conditions, cross-temporal and spatial scale mechanics of discrete and continuous correlation, the theories and methods associated with information and intellectual properties of physical mechanics, the mechanical characterization and cross-scale coupling of living media, biomechanics in medical care and health, and the design of biomaterial and physiological adaptation to special environment.

4. The funding mechanism and policy recommendations

The funding system plays a vital role in the development of mechanics, which includes maintaining an appropriate scale of basic research teams, stably supporting the researches in basic mechanics issues and frontier fields, guiding the integration of the national needs to conduct basic researches, and cultivating a group of young talents and outstanding academic leaders.

In view of the development status of Chinese mechanics, we make special suggestions for the disciplinary development of mechanics as follows. It is better to strengthen the status of the basic discipline of mechanics and promote the frontier development of mechanics, to increase financial support to experimental methods and technologies of mechanics so as to speed up the construction of experimental bases and experimental facilities, to support the construction of the computing platform for mechanics so as to promote the development of domestic computational mechanics software, to promote the construction of resource sharing and cooperation platform so as to improve the efficiency of resource utilization, to attach importance to inter-disciplinary fields and promote the cultivation of innovative and compound talents of mechanics, to strengthen the construction of talent teams and actively train young scholars, and to vigorously improve the quality and influence of domestic journals of mechanics.

5. Brief introduction to the sub-disciplines of mechanics

1) Dynamics and control

Dynamics and control is a sub-discipline of mechanics. It deals with the dynamic characteristics of a system, the relations between dynamic behaviors and excitations of a system, and their adjustments as well. The main research areas of the sub-discipline include the general principles of dynamics in nature and engineering, system modeling, and theories and methods of analysis, design and control, etc. This sub-discipline studies the motion forms, and the variation laws and their control strategies with time in high-dimensional, non-linear, non-smooth, uncertain, multi-field coupling and complex networks etc. from the dynamic perspective, revealing the relations between excitations and system responses. It can purposefully adjust the motion form and dynamic characteristics of a system, and provide theoretical methods and analysis tools for understanding natural phenomena and engineering analysis and design.

2) Solid mechanics

Solid mechanics is a sub-discipline of mechanics, dealing with the force, deformation, destruction, and related changes and effects of solid media and structural systems. As the largest sub-discipline of mechanics, solid mechanics occupies an important position in the evolution of human civilization. The deformation and destruction of solids are associated with almost all aspects of human activities, especially various structures and equipment in engineering fields, and serious natural disasters such as earthquakes, landslides and avalanches. Solid matters and their responses to forces are diversified, with obvious non-linear and multi-scale characteristics, such as elasticity, plasticity, creep, fracture and fatigue. Solid mechanics studies the deformation and strength of materials and structures under various loads, and provides theories, methods and means for understanding solid deformation and failure mechanisms, the engineering structure and equipment analysis, and the evaluation of design and service reliability.

3) Fluid mechanics

Fluid mechanics is a sub-discipline of mechanics, and studies the characteristics, flow states and and flow driven by various forces of fluid media, as well as the laws of mass, momentum and energy transportation. Fluid media widely exist in nature and engineering fields, from the vast nebulae of the universe to the atmosphere that surrounds the Earth, from the endless ocean on the surface of the Earth to the hot magma inside the Earth, and from the blood in animal blood vessels to the oil and gas in industrial pipelines. Due to the complexity of fluid physical properties, flow states and force environments, the problems of fluid mechanics show basic characteristics such as unsteadiness, nonequilibrium, multi-scale, multi-field coupling, and strong non-linearity. The fluid turbulence is one of the unsolved classic problems of natural sciences. Moreover, fluid mechanics has laid the foundation for the development of many engineering fields, such as aerospace, energy and transportation industries.

4) X-mechanics

X-mechanics refers to the modern inter-disciplinary branches of mechanics. Strong inter-disciplinary is a basic characteristic of mechanics. The collision between mechanics and other sciences promotes the development of mechanics in the new era and becomes a new driving force for the progress of mechanics. As the intersection becoming more and more extensive and in-depth, the complexity of the objects of concern has become more and more prominent. As such, a series of new problems and new fields at the frontiers of science has emerged. X-mechanics takes mechanics as the traction and achieves the intersection and integration of multiple disciplines through the multi-medium integration, the multi-level integration, the integration of rigid and flexible bodies, and the integration of objects and intelligence. Meanwhile, mechanics serves as a bridge between science and engineering, connecting basic and applied researches in different fields. The research on X-mechanics shows complex characteristics such as multi-field coupling and spatial-temporal multi-scales. The development of X-mechanics is inseparable from the development of mechanics and gives birth to a series of novel concepts, theories and methods.

目　　录

第一章

力学学科总论

力学是关于物质相互作用和运动的科学，研究介质运动、变形、流动的宏观与微观过程，揭示上述过程及其与物理学、化学、生物学等过程的相互作用规律。力学为人类认识自然和生命现象、解决实际工程和技术问题提供理论基础与分析方法，是自然科学知识体系的重要组成部分，对科学技术的众多分支学科的发展起到支撑、引领与推动作用。我国具有完整的力学学科体系，包含动力学与控制、固体力学、流体力学等主要分支学科，以及生物力学、环境力学、爆炸与冲击动力学、物理力学等重要交叉学科，对坚持"四个面向"的科技创新具有战略性支撑作用。

第一节　科学意义与战略价值

力学是人类自然认识史上第一次科学的理论概括，是众多自然科学的基石和重要组成部分，带动了自然学科的全面发展，且不断推动人类认识论与方法论的进步。力学催生了第一次工业革命，开启了人类大规模利用自然的时代。力学促使人类将认识自然与工程技术相结合，对第二、第三次工业革命及正在发生的技术变革产生了重要推动作用，是支撑现代工程科技的基础学科。力学是人类科学知识宝库的重要组成部分，是促进人类文明和进步不可或缺的手段。它具有旺盛的生命力，并不断自我完善，具有促进学科交叉、探求认知突破、应对复杂与不确定性系统、培养创新型和综合型人才的重要作用，在支撑社会现代化、增强原始创新能力、保障国家安全等方面具有不可替代性，在国家总体学科布局中占有独特地位。因此，力学堪称"理科之先行，工科之基础"（国家自然科学基金委员会和中国科学院，2012）。力学学科的科学意义和战略价值可归纳为如下五个方面。

一、力学是一门基础学科，与自然科学的众多学科深度交叉与融合，并对各门自然科学的发展起到重要的引导与推动作用

力学是人类最早从生产实践中获取经验并加以归纳、总结和利用的一门自然科学。力学的发展是与人类的文明相伴而行的。17世纪，牛顿力学体系的建立标志着精密科学的建立与近代自然科学的诞生，让科学挣脱了神学的束缚。列奥纳多·达·芬奇（Leonardo da Vinci）说过："力学是数学科学的天堂，因为，我们在这里获得数学的成果。"力学的发展始终与数学交织在一起，一种力学理论的诞生与发展往往和相应的一个数学分支相伴产生，两者彼此渗透、相互促进。许多科学大师既是力学家，又是数学

家，甚至在很长的时期内力学与数学被视为不可拆分的一门学科。力学和数学共同支撑起物理学等自然科学的大厦。力学为数学发展提供需求牵引和应用范例，建立在公理化基础上的力学模型可进行数学演绎，并揭示物理世界的演化规律与内在机理，使力学具有抽象化、严密化、普遍化、系统化的特征（赵亚溥，2018）。

18 世纪，连续介质力学的形成，使力学进一步发展成为一门内容丰富、体系严密并被广泛应用的基础科学。力学具有独立的理论体系和独特的认识自然规律的方法，从物理学中脱离出来，成为一门独立学科。阿尔伯特·爱因斯坦（Albert Einstein）评价连续介质力学时说："除了其伟大实际意义之外，这门科学分支还创造了一些表示工具（如偏微分方程）。对于以后寻求整个物理学新基础的努力而言，这些工具都是必需的。"力学学科的基本原理无时无刻不在物理学发展中得到应用。赫尔曼·冯·亥姆霍兹（Hermann von Helmholtz）曾经指出："所有物理学家都同意这样的观点，即物理学的任务在于把自然现象归结为简单的力学定律。"量子力学和相对论分别指出了牛顿力学的适用范围，反映了人们对力学认识的深化，是经典力学在微观和高速、宇观领域的衍生。力学曾经推动并将继续推动其他基础学科包括化学、天文学、地学、生物学等的发展。

在 20 世纪，力学取得了巨大进步，与其他学科的交叉与融合不仅完备了自身的学科体系，也推动了交叉学科的形成和发展。力学与数学的进一步交叉，提升了对非线性、复杂系统和优化问题的可计算、可量化能力；力学与物理学、化学、材料学、生物学的进一步交叉，拓展了研究对象的多物理场、多尺度和多过程耦合能力，还形成了生物力学、环境力学、爆炸与冲击动力学、物理力学等新兴交叉学科；此外，力学与数学、计算机等学科的交叉，推动了应用数学和计算科学的发展，与物理学、化学、材料科学等学科的交叉推动了纳米科技的发展，与生命科学和医学的交叉孕育了生物医学工程新学科，与环境与灾害研究的交叉推动了环境科学的发展。

21世纪以来，人类面临着气候变化、能源短缺、可持续性发展等诸多极具挑战性的世界难题，而纳米、信息、数字等前沿技术的进步催生了新的研究对象和研究手段，对力学提出了超越经典力学研究范围的新科学问题，涉及非均质复杂介质、极端环境、不确定性、非线性、非定常、非平衡、多尺度和多场耦合、多过程等问题，这必将促使现代力学体系发生新的重大变革。

二、力学是工程科学的基础，解决工程设计、制造和服役中的关键科学问题，对现代工业发展起着不可或缺的支撑作用

艾萨克·牛顿（Isaac Newton）在《自然哲学的数学原理》中指出："古人从两个方面来研究力学。一方面是理性的，用论证来精确地进行；另一方面是实用的。一切手艺都属于实用力学，力学之得名就是这个缘故。"经典力学从解释科学现象到提高科学认知和促进技术发展，是工业革命的重要推动力。卡尔·马克思（Karl Marx）曾指出："力学是大工业的真正科学的基础。"18～19世纪，莱昂哈德·欧拉（Leonhard Euler）、奥古斯丁·路易斯·柯西（Augustin Louis Cauchy）、乔治·格林（George Green）、西莫恩－德尼·泊松（Simeon-Denis Poisson）等的出色工作，奠定了连续介质力学的基础。19世纪末20世纪初，经典力学理论体系趋于成熟。以路德维希·普朗特（Ludwig Prandtl）和

西奥多·冯·卡门（Theodore von Kármán）等为代表的科学家创立应用力学学派，把对自然的认识与航空航天等新兴工业的发展紧密结合起来，为近代力学的发展开辟了新天地。在工程需求的牵引下，力学按其自身逻辑进一步演化，几乎与所有工程领域结合并进行渗透，形成了力学的各个学科分支，成为许多现代工业的基石，结合范围广、应用多、成效高。

在工程需求的牵引下，应用力学研究率先进入非线性科学世界，揭示了边界层、激波、旋涡、湍流、薄壳失稳、混沌等一系列新现象、新规律、新机理。普朗特提出的边界层理论和升力线理论，解决了现代飞机设计关键问题；卡门带领一批学术精英，发展了可压缩空气动力学，克服了声障和热障，奠定了航空航天工业的基础，推动了应用力学的全面发展。20世纪50年代，断裂力学和损伤力学的发展，深刻改变了传统强度设计的观点，其成果被广泛地应用于航空、航天、机械、土木、核能等众多工程领域。结构力学与波动力学的发展，突破了在地震多发区不能建设高层建筑的禁区，产生了巨大的经济和社会效益。20世纪60年代，非线性科学取得了突破性进展。对分岔、混沌等现象及其机制的深入研究，促使人类的自然观再一次发生重大变化。此外，力学家及时预见到计算将成为科学研究的重要途径，提出了有限元方法，并发展了计算力学学科。这不仅使数值模拟成为继理论、实验之后的又一重要研究范式，还把力学分析方法和工具普及至各个工程领域。

在我国，钱学森等科学家继承和弘扬了应用力学学派的学术思想，提出必须建立一门介于自然科学和工程技术之间的学科——工程科学（技术科学），以加速科学与工程的结合，而力学正是科学与工程结合的桥梁，是工程科学中做出巨大贡献的代表学科。

百年来的社会发展需求和实践表明，力学不仅是航空、航天等工程的先导，而且还与能源、环境、海洋、石油、化工、土木、机械、交通、材料、信息、生物医学工程等诸多领域有紧密联系，发挥了重要作用且处于核心地位。

三、力学具有鲜明的普适性和系统性特征，揭示自然界与工程技术中最基本的作用规律与机制，培养杰出的工程科学人才

"力，刑（形）之所以奋也。"力学关注自然界最基本、最普遍的作用。在科学认识论方面，牛顿力学是自然规律因果论和确定论思想的重要来源和直接证据；反映初始扰动敏感性的混沌理论，则是认识论的又一飞跃。力学所建立的"观察—实验—理论"科学方法开创了现代科学研究的重要范式。力学研究善于从复杂的现象中洞察事物本质，又能寻找解决问题的合适的数学途径，逐渐形成一套特有的方法。例如，力学家所发展的量纲分析是一种具有普遍意义的研究方法，不仅可以指导实验，还可以从纷繁复杂的现象中识别主次因素。力学家善于结合理论和实验，由表象到本质，由现象到机理，由定性到定量，解决了自然科学和工程技术中的许多关键科学问题。

现代科学发展的一个趋势是"分化"，以具体物质对象为客体的学科越分越细，导致了对科学研究进行分门别类划分的现象。然而，力学并不局限于某一具体客体，而是寻求力学原理的不同形式以及不同条件下的一般原理，并将一般原理推广应用于各种不同的复杂情形，增进对复杂体系或系统的认识，进而成为一门

横贯众多自然科学与工程技术的学科。力学的另一突出特征是善于抓住物理世界的主要矛盾，阐明控制机理。这为现代科学发展的另一个趋势——"综合"提供了极为有用的工具，使人们能够透过纷繁复杂的表象，深化对现象本质的认识，经过模型化提炼和总结工程经验，使其成为广泛适用的定量理论法则，为工程技术的发展奠定基础、开辟道路。同时，力学能够为自然科学和工程科学提供许多重要的、物理内蕴丰富但又简明直观的原型问题及范例。标度律、相似律等方法又能大大简化对复杂系统的描述，缩短从实验室到工程实际的距离。

纵观 20 世纪以来的科技和工程发展历史，力学家或掌握力学知识和技能的研究人员，通常具有扎实的数理基础、很好的实验和数值研究能力、先进的学科交叉理念、系统的大局意识，善于在基础研究和工程应用之间寻求结合，进而成为复合型、创新型人才。他们中，不仅有具备工程师技能的科学家，还有具备科学家潜质的工程师，更有具备系统思维和大局意识的工程管理者。

四、力学具有持续而旺盛的生命力，与自然科学和工业技术的进步相伴而行，在我国创新驱动发展和现代化强国战略中具有关键作用

力学是人类认识、利用、改造自然的利器，对社会科学和思维科学产生了重要影响。经典力学揭示了宏观自然体系运行的基本规律，适用于介质在远低于光速下的运动。在此基础上发展起来的近代力学，以"应用"为主要使命，与航空、航天、能源、机械、交通、土木等工程技术密切联系，得到了广泛应用。伴随着计算机的快速发展，现代力学与计算科学以及自然科学的其他

学科进一步交叉、融合，促进了宏观研究和微观研究的结合，更加深刻、定量化地描述材料、结构与复杂系统的变形与运动。当前，世界发展处在"百年未有之大变局"中，新一轮科技革命呼之欲出，以新一代信息技术、新能源、新材料和新生物为主要突破口的新技术革命发展趋势愈加清晰，并可能催生新一轮的工业革命。在这样的背景下，现代力学是具有强大生命力和广泛应用场景的重要基础学科，其自身体系也孕育着重大变革。当代力学家面临着探究、设计和调控各种介质复杂力学行为的新挑战。

我国力学学科创建于中华人民共和国成立之初，在国家工业体系建立、国家经济建设和国防安全中负有特殊使命，做出了巨大贡献。自20世纪50年代起，国家充分重视并制定了力学学科战略规划，不断发展新兴力学分支学科，创建近代力学人才培养体系，为我国工业化的快速发展提供了人才保证和普及化教育。1962年，国家科委组织的十年科学发展规划认定力学学科为基础学科，且1978年召开的全国力学学科规划会议再次确认力学学科为基础学科，并明确"力学是许多工程技术和自然科学学科的基础"。70余年来的实践证明，上述举措促进了我国力学学科的发展，推进了交叉学科的形成，在现代化建设和国防安全中发挥了重要支撑作用。以钱学森、周培源、郭永怀、钱伟长、郑哲敏等杰出力学家为代表的我国力学工作者，在流动理论、喷气推进、工程控制论、广义变分原理、爆炸力学等方面做出了具有重要影响的开创性贡献，赢得了国际力学界的尊重，极大地支撑了我国现代工业体系和国防现代化建设。例如，我国在一穷二白条件下研制成功的"两弹一星"就是力学成就的典范。近年来，我国在载人航天、深空探测、高超声速飞行器、第五代战斗机、核潜艇、大型舰艇、海洋平台、深海钻探、大型发电设施与装备、大型水

电工程枢纽、大跨度桥梁、超高层建筑、高速列车等方面取得的
成就，都充分体现了力学的重大贡献和重要支撑作用。

五、力学拥有广袤的疆域，服务现代工程和经济建设的诸多领域，同时具有强大的开拓能力，多学科交叉特点显著

力学学科在现代工程和经济建设的各个领域发挥着不可替代的作用。例如，航空航天工业根植于力学，力学家在高超声速飞行器、载人航天、深空探测、大型飞机、新型战机的设计与研发中做出了关键的贡献。尤其是围绕高超声速飞行器在大气层内实现有动力飞行的关键问题，力学家开展了相关空气动力学和超燃科学的前沿基础研究；围绕未来航天器结构多功能融合、结构轻量化要求，发展了结构 - 材料一体化技术、超常环境材料力学、复合材料结构力学、结构拓扑优化方法等。又如，武器装备的主要效能可概括为"打得远、打得准、打得狠"，提高这三项效能都离不开力学。力学家在深侵彻战斗部研究中，构建了深侵彻战斗部设计的力学理论体系，解决了斜侵彻抗跳弹、深侵彻规律、装药安全性设计和爆炸毁伤效能等关键问题；针对潜射武器所特有的力学问题，运用水动力学、超空泡力学、振动控制的研究手段，研究潜射武器装备动力学、复杂海况下高速航行体动力学等问题。再如，在高端装备方面，力学家努力攻克航空发动机与燃气轮机重大科技专项问题，在高温叶片先进冷却结构设计、转子系统动力学、热端部件高温强度等核心技术领域取得重要进展（王铁军，2016）；在高速铁路工程中，创建了车辆 - 轨道耦合动力学理论体系，开发了大型铁路工程动力学仿真系统与安全

评估技术，为铁路提速及高速铁路系统动态安全设计提供了先进理论和关键技术支撑；主持深海空间站，自主研制蛟龙号载人潜水器，在水下载人潜水器安全性设计、静音潜艇研制等关键问题的攻坚克难中发挥作用，为深海等极端条件下装备安全服役贡献力量。

此外，力学家积极参与"5·12"汶川地震等特大灾害治理工作和"8·12"天津滨海新区爆炸事故调查工作；积极参与西部大开发的重点工作，为川藏铁路和西南地区特殊地质条件下的公路与水利设施建设出谋划策，为我国西部沙漠边缘地区防风固沙提供指导；积极参与国家的海洋工程、海岸资源开发等重大项目，开展基于多浮标观测的南海海啸震源参数反演及预警研究，为建立南海海啸预警系统发挥了重要作用。

力学是一门交叉性突出、内涵丰富的学科，具有很强的开拓新研究领域的能力，新的学科生长点在此过程中不断涌现。力学之交叉可从以下两个维度来展示。

首先是学科之间的交叉。由于力学理论方法的普适性以及力学现象遍及自然和工程的各个方面，力学与数学、物理学、化学、天文学、地球科学、生物学等基础学科，以及几乎所有的工程学科产生交叉，发展出众多新兴交叉学科。力学学科的这一特点，不断丰富着力学的研究内涵，并使力学学科保持旺盛的生命力。交叉力学是体现力学学科巨大包容性的新生长点并赋予力学已有领域新的高度和广度的学科。交叉力学围绕着力学的核心融通而成，同时向不同的学科辐射。交叉力学研究呈现出非线性、非平衡、各向异性、多场耦合、复杂网络、时空多尺度等特征，其研究的深入与发展均离不开力学的发展，同时也催生出一系列的新概念、新理论和新方法，使力学学科永远年轻。

其次是研究命题的交叉。力学研究涉及介质交叉、层次交叉、质智交叉、刚柔交叉等，而这些命题的交叉往往催生新的学科。例如介质交叉，即流体与固体的交叉，可以产生广义软物质力学，其研究领域可拓展至水凝胶力学、脑物质力学、社会力学等分支学科。再如层次交叉，将其与信息科学中的机器学习结合，可以产生信息力学（王鹏等，2018），其内容包括多层次深度学习、赛博空间力学，数据驱动计算力学等。又如质智交叉，其进一步发展可催生神经心理力学。而刚柔交叉研究涉及物质大范围刚体运动与弹塑性变形的耦合，通过与智能控制融合，推动柔性机器人、可变体飞行器、软体机器鱼等新技术的发展。

党的十九大报告指出，这个新时代是，是承前启后、继往开来、在新的历史条件下继续夺取中国特色社会主义伟大胜利的时代，是决胜全面建成小康社会、进而全面建设社会主义现代化强国的时代。[①] 党的十九届五中全会提出"坚持创新在我国现代化建设全局中的核心地位，把科技自立自强作为国家发展的战略支撑。"[②] 我国由大变强，成为现代化强国的关键是科学技术的现代化。钱学森说："不可能设想，不要现代力学就能实现现代化。"

未来 15 ~ 30 年，我国在航空、航天、海洋、能源、动力、交通、化工、生物、医药、资源与环境等诸多方面将面临许多紧迫的重大力学问题。与此同时，自然科学和社会科学的发展也提出大量重要且复杂的问题，需要与力学学科联合开展研究，协同攻关。因此，力学的新突破点和体系革命可能会在新的学科交叉

---

① 中华人民共和国中央人民政府. 2017-10-27. 习近平：决胜全面建成小康社会 夺取新时代中国特色社会主义伟大胜利——在中国共产党第十九次全国代表大会上的报告. http://www.gov.cn/xinwen/2017-10/27/content_5234876.htm
② 中华人民共和国中央人民政府. 2020-11-02. 经济时报评论员：提升创新能力　实现科技自主自强——论学习贯彻党的十九届五中全会精神. http://www.gov.cn/xinwen/2020-11/02/content_5556590.htm

中得以显现。做好力学学科的发展战略规划，充分发挥其在人类认识和改造世界中的独特作用，才能更好地在支撑社会现代化、增强自主创新能力、保障国家安全等方面做出更大的贡献。

第二节　发展规律与研究特点

力学是一门有着悠久历史而又不断拓新的学科。人类的生产实践以及对自然界的浓厚兴趣，推动了力学学科的发展。力学学科不仅形成了严格的理论体系，推动了数学、物理学等基础学科的发展，而且日渐成为工程科学与技术的坚实根基（中国力学学会，2012；杨卫等，2020）。纵观科学技术发展的历史，力学学科的发展呈现出如下基本规律与特点。

一、作为一门重要的基础学科，力学是在人类对自然的浓厚兴趣驱动下发展起来的，是许多自然科学和技术科学的先导与基石，为人类认识和改造世界提供了关键和有效的手段与方法

力学学科的发展始终与人类认识自然的基本方法相伴而行。力学是人类最早从生产实践中获取经验，并加以归纳、总结和利用的自然科学分支。力学首先源于对大至行星运动、小到随处可见的各种自然现象的基本规律的探索，其研究可溯源到古希腊阿基米德（Archimedes）对浮力定律的观察和总结。17世纪，伽利略·伽利雷（Galileo Galilei）在研究力学问题时提出"观察—实

验—理论"的科学研究方法。此后，牛顿创立经典力学体系，标志着人类历史上首门定量科学的诞生。这些都是人类科学史上的重要里程碑。18～19世纪，连续介质力学的创立使力学成为一门内涵丰富、应用广泛的基础学科。20世纪上半叶，近代力学得到日新月异的发展，推动了以航空、航天为代表的近代工程技术发展。此后，计算技术的飞跃发展和广泛应用使力学进入现代力学时代。基础科学和技术科学的各学科的相互渗透，以及宏观和微观相结合的研究途径的开拓，使力学呈现崭新的面貌。

力学学科的发展遵循着基础科学的基本规律，具有"实验观测—力学建模—理论分析—数值计算"的研究范式和特点。力学家善于在观测和假设基础之上，通过力学建模和推理过程建立理论，剖析复杂现象所隐含的客观规律，进而对力学系统进行设计和调控。这为解决自然科学和工程技术中的关键科学问题提供了重要范式。近代科学是汲取和继承经典力学的科学精神、哲学思想、研究方法和成果而发展起来的。

因此，国际力学强国都高度重视基础研究，不仅强化已有的基础研究雄厚实力，而且不断开辟新的力学研究前沿，谋求发现新现象，揭示新规律，创建新的理论体系。

二、力学是联系科学与工程的桥梁，在经济建设和国家安全中具有不可替代的作用。力学是工程科学与技术的基石，而工程科学与技术进步的巨大需求构成了力学学科不断完善和发展的推动力

"双力驱动"是力学学科发展的一个基本特征。在任何一个国家，力学学科的发展均需要在基础研究和应用研究上同时发力。

中华人民共和国成立后不久，钱学森、周培源、郭永怀、钱伟长、郑哲敏等老一辈力学家创建了我国近代力学人才培养体系，培育出一批优秀力学人才，为我国经济建设与发展，特别是对以"两弹一星"为标志的国防科技工业的发展起到了至关重要的作用。他们在流动理论、喷气推进、工程控制论、广义变分原理、爆炸力学等方面做出杰出贡献，赢得了世界力学界的尊重，同时有力地支撑了我国现代工业体系的创建。近年来，我国在载人航天、深空探测、高超声速飞行器、高端制造、大跨度桥梁、超高层建筑、深海钻探、高速列车、绿色能源、灾害预报与预防、人类健康与重大疾病防治等方面取得的成就，也均依赖于力学学科强大的支撑作用。

现代力学既紧密围绕物质科学中所涉及的非线性、跨尺度等前沿问题展开，又密切关注人类社会与经济建设中所面临的安全、能源、环境、健康等重大需求，在各类工程技术中提炼出具有共性的力学基本问题并加以深入研究。

因此，国际力学强国都从战略高度来思考力学学科的未来发展，在力学的基础研究和应用研究上同时发力，谋求两者的良性互动和相互促进，更好地服务国家重大需求。

三、得益于物理学、材料科学、信息科学等领域所发展的先进实验技术与观测手段，力学学科不断提升模型的描述和预测能力，更好地服务于其他科学与技术领域

力学是一门基于模型进行定量研究的学科。在其发展初期，人们基于探索自然、改造自然的需求，建立简化的力学模型与分

析方法，并通过实验、计算等手段，形成了一套科学理论体系与思维方法。力学研究催生了一系列定量的数值方法，如瑞利－里茨法、差分法、有限元法等。近代以来，力学研究的对象日趋广泛和复杂，所建立的模型也更加精细、准确，计算方法和实验技术不断更新与进步，并针对力学计算、设计和控制，简化、验证和改进模型。随着近代物理学、计算技术和实验技术的突飞猛进，力学的研究方法与手段得到显著改善，其解决工程问题的能力大大提高。基于力学原理开发的计算机软件与实验观测手段，已经被广泛应用于航天、航空、能源、机械、交通、土木等越来越多的工程技术领域。

因此，国际力学强国都重视提出新模型、新计算方法、新测试技术，并谋求在研制高效力学计算软件、高端力学仪器、极端物性和极端环境力学测试装置上抢占制高点。

四、力学是生命力强大的"孵化器"，对催生交叉学科具有重要的推动作用。力学在与其他学科的不断交叉与融合过程中得到发展，进而诞生了生物力学、环境力学、爆炸与冲击动力学、物理力学等交叉学科

现代力学不仅与众多工程学科交叉，凸显其在工程科学领域的独特作用，还与基础科学和技术科学的其他众多学科交叉，产生了生物力学、环境力学、爆炸与冲击动力学、物理力学等具有重要科学价值与广泛应用价值的交叉学科。

生物力学是研究生命体在各个尺度上的受力、变形、运动规律及其与生理、病理变化之间关系的力学交叉分支学科。现代生物力学对生命过程中力学因素及其作用规律进行定量的实验和理

论研究，通过生物学与力学原理方法的有机结合，认识生命过程的机理与规律，解决生命与健康领域的科学问题。近年来，生物力学学科已成为现代力学的新生长点，与组织器官构建、康复工程、生物医学诊疗仪器，以及新药设计、筛选与开发等重要的新兴健康产业的迅速发展密切相关，对力学和生物医学工程学科的发展均起到了重要的推动作用（姜宗来，2017；陈维毅，2018）。力学与生命科学、医学的交叉与融合，提高了人类对生命体的应力-生长关系、力学-化学-生物学耦合规律的认识，孕育了生物医学工程和仿生学等分支学科。

环境力学是力学与环境科学深度交叉和融合而形成的一门力学交叉分支学科。其核心思想是从主导环境和灾害的力学过程和原理出发，揭示环境和灾害发生和演化的内在机理和规律，着重研究环境与灾害问题中的流动、迁移、变形、破坏，以及其导致的物质、动量、能量输运和伴随的物理学、化学、生物学等耦合过程。环境力学内涵丰富，涉及大气环境、水环境、岩土体环境、地球界面过程、重大灾害、工业环境等问题（Li et al.，2003）。环境力学的研究发展，使得环境研究从定性或统计描述走向从动力学观点出发的定量描述，极大地促进了环境问题的定量化研究和预测水平，提高了人类对环境问题和灾害演变规律的认识和应对能力，对经济建设和工程实践具有重要的指导意义。

爆炸与冲击动力学是研究爆炸与冲击等强动态载荷的发生和发展规律、强动态载荷与介质的相互作用机制，以及强动态载荷的利用、控制和防护等的力学交叉分支学科。爆炸与冲击动力学兼具基础科学和技术科学的属性。一方面，爆炸与冲击载荷的高强度、短历时及载荷与多相非均匀介质的耦合作用赋予了所研究问题极大的挑战性；另一方面，爆炸与冲击动力学问题多源于航空航天、武器装备、民用安全等重要领域，其研究成果可为武器设计与爆炸防护、结构耐撞性设计、爆炸加工与爆破、毁伤评估等工程应用提供理论基础和技术支撑，推动相关技术的发展，对国防安全等领域也具有重要的支撑作用。同时，爆炸与冲击动力学所研究的问题具有很强的学科交叉特性，往往涉及固体力学、流体力学、材料力学、物理力学、化学反应动力学、生物医学等多个学科的交叉。

物理力学是一门重要的力学交叉分支学科。其核心思想是从物质的微观结构和基本运动规律出发，运用近代物理学、物理化学和量子化学等学科的成果，研究和揭示工程技术所需的物质宏观性质和力学响应，并对介质和材料的宏观现象及其运动规律给出微观解释（Tsien，1953）。近年来，物理力学已成为一门以原子、分子微观物理为基础，研究高温气体、稠密流体以及面向复杂使役环境的固体介质和多相介质等体系的宏观力学性质并服务于重大工程的交叉学科。物理力学的建立和发展，不但可直接为工程技术预测所需介质和材料的物性，而且为力学与物理学、化学、材料科学等学科的交融发展创造了条件。

21 世纪以来，人类面临诸多世界性难题。其中，既有能源短缺、气候变化、人类健康与公共卫生等重大问题，又有从宏观尺度的深空探测到微纳尺度的器件研制等高新科技问题。因此，力学学科正面对着众多超越经典研究范畴的新科学问题，其中涉及非均质复杂介质、极端环境、不确定性、非线性、非定常、非平衡、大数据、多尺度和多场耦合等特征。

因此，国际力学强国都不仅重视已有的力学交叉学科领域，而且投入更多的精力研究与新兴学科交叉的力学问题，谋求力学与其他学科的深度交叉和创新发展，进而推动现代力学体系产生新的变革。

第三节 发展现状与发展态势

一、我国力学的研究现状

我国是世界上为数不多具有完整工业体系的国家，对力学学科具有全面的、长期的战略性需求。经过70余年的发展，我国已形成了完备的力学学科体系，其研究领域覆盖力学的所有分支学科。我国力学学科不但强有力地支撑了国家科技和教育事业发展，而且为国民经济发展和国防建设做出了重大贡献（杨卫，2017；中国科学院文献情报中心课题组，2018；白坤朝等，2019）。

21世纪以来，我国力学学科在科学前沿和国家需求两个方面的驱动下，在研究队伍的规模、结构、质量、效益等方面都得到了显著提升，在国际力学界的影响力日益增强。我国在学科设置、人才培养、经费资助、条件建设等方面的大力支持，使得力学学科呈现非常好的发展态势。近10年来，我国力学学科发展迅速，成果丰富，发展形势喜人，尤其表现在以下几个方面：学科体系日趋完善，人才队伍不断壮大，平台建设成效显著，科学研究水平不断提升，国际合作和交流空前活跃。

在学科体系方面，我国已形成了以动力学与控制、固体力学、流体力学等分支学科为基本构架，涵盖生物力学、环境力学、爆炸与冲击动力学、物理力学等众多交叉学科的力学学科体系。学科设有硕士学位授权点103个，博士学位授权点54个。近年来，学科总体布局更加完善、合理（国家自然科学基金委员会和中国科学院，2012）。

在学科人才方面，我国已拥有世界上规模最大的力学学科队伍。目前，中国力学学会拥有会员 3 万余人。根据国家自然科学基金委员会的初步统计数据，我国参与力学基础研究的人员规模在 8000 人左右。力学学科拥有 20 余位中国科学院和中国工程院院士，约 60 位教育部"长江学者奖励计划"特聘教授，120 余位国家杰出青年科学基金获得者。

在学科平台方面，我国设有与力学相关的国家级学术平台 50 余个。其中，设有 12 个国家重点实验室，2 个国家工程技术研究中心/国家工程研究中心，6 个国防科技重点实验室，2 个省部共建国家重点实验室/国家地方联合工程实验室，5 个国家国际科技合作基地，27 个国家级实验教学示范中心/国家级工程实践教育中心/国家级工程实践教学基地。此外，还设有与力学相关的省部级科研教学平台、基地、实验室、国际合作教学研究平台共 100 余个。特别地，设有中国科学院力学研究所、中国空气动力研究与发展中心等专门的力学研究机构，建设了世界一流的、完整的空气动力学风洞试验体系，有力地推动了力学学科直接服务国家重大需求。

在科学研究水平方面，我国学者在力学领域重要期刊上发表的论文数量明显提升，已经超过除美国以外的其他国家，且发表论文总数与美国的差距逐渐缩小。以固体力学和流体力学领域为例，2010 ～ 2012 年，我国学者在固体力学旗舰期刊《固体力学与固体物理学杂志》（*Journal of the Mechanics and Physics of Solids*，*JMPS*）上发表论文 38 篇，同一时期（2010 ～ 2012 年）我国学者发文量占期刊总发文量的百分比仅为 9.9%；而 2017 ～ 2019 年，

我国学者在 *JMPS* 上的发文数量和占比大幅跃升，分别为 162 篇和 22.5%。2010 ～ 2012 年，我国学者在流体力学旗舰期刊《流体力学杂志》（*Journal of Fluid Mechanics*，*JFM*）上发表论文 69 篇，同一时期（2010 ～ 2012 年）我国学者发文量占期刊总发文量的百分比仅为 4.1%；而 2017 ～ 2019 年，我国学者在 *JFM* 上的发文数量和占比大幅跃升，分别为 232 篇和 8.9%。

在学科影响力方面，我国力学学者开始走向世界舞台的中心。近年来，我国先后有 4 位力学家当选俄罗斯科学院院士、美国国家工程院院士，4 位力学家荣获国际力学界著名的 Warner T. Koiter 奖、Eric Reissner 奖。我国还有 20 余位力学家分别在国际理论与应用力学联盟（International Union of Theoretical and Applied Mechanics，IUTAM）、国际断裂学会（International Conference on Fracture，ICF）、国际计算力学协会（International Association for Computational Mechanics，IACM）、国际结构与多学科优化学会（International Society of Structural and Multidisciplinary Optimization，ISSMO）担任重要职务。目前，我国在 IUTAM 拥有 1 位资深理事、5 位理事和 4 位专门工作委员会成员。2012 年，我国首次承办了被誉为"力学奥林匹兑"的世界力学家大会（International Congress of Theoretical and Applied Mechanics，ICTAM），这是该系列大会首次在发展中国家召开，标志着我国力学走向世界舞台的中心。在近 4 届大会上，我国力学家作开幕式报告 1 次，领域邀请报告 5 次，受邀报告数量迅速提升。

二、我国力学的研究特色和相对优势领域

在科学前沿研究和重大工程需求的双重牵引下，经过几代力

学工作者的不懈努力，我国力学研究水平得到显著提升，形成了自身特色，在若干方向上位于世界前列，重要科研成果不断涌现，并在国民经济和国防建设中发挥重要作用。

例如，在动力学与控制的非线性动力学、随机动力学、多体系统动力学等方向，固体力学的本构关系、断裂力学、宏微观力学、计算固体力学、实验力学等方向，流体力学的湍流、流动稳定性、复杂流动、高超声速流、风工程与工业流体力学、计算流体力学等方向，生物力学、力学生物学、空天生物学与工程等方向，以及环境力学、爆炸与冲击动力学、物理力学、微重力科学等交叉学科领域，均取得较为系统的创新型成果，并具备了比较明显的研究优势。

据不完全统计，截至 2019 年，力学学科已获得国家最高科学技术奖 1 项，国家自然科学奖一等奖 1 项、二等奖 28 项、三等奖 34 项、四等奖 4 项，国家技术发明奖一等奖和二等奖共 20 余项，国家科学技术进步奖一等奖和二等奖共 50 余项，以及众多国防科技奖项。其中，2015 ~ 2019 年获得国家自然科学奖二等奖 8 项、国家技术发明奖 2 项、国家科学技术进步奖一等奖和二等奖共 10 余项。

近年来，我国学者针对力学学科的基本理论问题和新兴前沿科学问题开展创新研究，注重与材料科学、物理学、化学、控制科学、生物学、信息科学、数学等学科的深入交叉，不断提出新的科学问题，拓宽新的研究疆域，在各力学分支都产生了一批具有国际影响力的学术成果。现按照动力学与控制、固体力学、流体力学、交叉力学四个方面，对我国力学学科的近期部分重要研究进展作简要介绍。

（一）动力学与控制

动力学与控制主要研究力学系统的一般原理，以及有限维动力学系统的建模、分析和控制。近年来，该学科与固体力学、流体力学、生物力学等交叉和融合，深入研究连续介质、多场耦合系统、生命系统的动力学与控制问题，尤其是非线性、不确定性、滞后性、动态设计等问题。近年来，我国力学家在动力学与控制的理论、方法和应用研究中取得一系列重要成果，在国际力学界的影响力显著提升，解决了航空航天、高速列车等国家重大工程中的若干科学技术难题。

（二）固体力学

固体力学是研究固体介质及其组成的结构系统的受力、变形、破坏以及相关变化效应的力学分支学科。固体力学在现代工业和人类生活中扮演着重要的角色，不但推动了近代航空、航天、机械、材料、能源、土木等工业的进步和繁荣，而且为自然科学的诸多前沿研究提供了范例和理论基础。21世纪以来，我国力学家在固体力学的理论、计算、实验、跨学科研究及其在上述重大工程中的应用等方面取得重要进展，在国际力学界产生了重要影响。

（三）流体力学

流体广泛存在于自然界和工程技术领域。从宇宙中巨大的天体星云到地球周围的大气层，从地球表面宽广的海洋到地球内部炙热的岩浆，从动物血管中的血液到各种工业管道内的石油和天然气，流体力学问题无处不在。21世纪以来，我国力学家在流体力学理论、实验和数值模拟等基础研究方面取得重要进展，在国际力学界的影响力显著提升，并解决了航空、航天、船舶、海洋工程等领域的许多流体力学难题。

（四）交叉力学

自 20 世纪中叶起，力学学科的基础理论、研究方法、学术风格逐渐拓展到其他科学与技术领域，形成一批具有多学科烙印的交叉研究领域，有些已经被公认为交叉力学学科。目前，已经具备比较完善的理论体系的交叉力学学科主要有生物力学、环境力学、爆炸与冲击动力学、物理力学等。这些交叉力学学科发展至今已有半个多世纪，逐渐形成了各自的特色，取得了许多突出成果。除此之外，交叉力学还有另一类交叉，即研究对象、视野、属性和方法的交叉。例如，在研究对象上对介质的交叉，在研究视野上对物质层次和尺度的交叉，在研究属性上对刚性与柔性的耦合，在研究方法上对物质与智能的兼顾。近年来，我国交叉力学学科发展迅速，高水平研究成果不断涌现，在国际力学界产生了影响。

三、我国力学的研究队伍和研究平台

（一）研究队伍

目前，我国已拥有一支具有相当规模、老中青相结合、涉及领域和研究方向比较全面的研究队伍。根据国家自然科学基金委员会初步统计数据，我国参与力学基础研究的人员规模约为 8000 人。根据国家自然科学基金委员会数学物理科学部力学科学处的统计，动力学与控制学科的研究队伍人数约占力学基础研究队伍总人数的 16%，固体力学约占 40%，流体力学约占 24%，交叉力学约占 20%。各二级学科的中国科学院院士、中国工程院院士、教育部"长江学者奖励计划"特聘教授、国家杰出青年科学基金获得者人数，各二级学科的人才占比基本与上述占比一致。

我国的固体力学、流体力学的研究始于中华人民共和国成立前,具有较为悠久的历史和传统。20世纪50年代,以钱学森、周培源、郭永怀、钱伟长等为代表的老一辈力学家创办力学专业并培养研究生,建设固体力学、流体力学学科,重点服务于"两弹一星"等国家重大工程。因此,这两个学科具有较大规模的研究队伍,汇聚了一批著名学者,培育了较多的优秀中青年学者。

20世纪60年代,我国部分高校开展结构振动、陀螺力学、转子系统动力学研究,并培养研究生,逐步形成了动力学与控制学科。21世纪以来,该学科发展较为迅速,该学科人才积极投身航天航空、高速列车、燃气轮机等重大工程装备方面的研究,人才队伍规模显著提升,但优秀中青年学者占比不高。

我国的交叉力学研究主要集中在生物力学、环境力学、爆炸与冲击动力学、物理力学等学科。其中,生物力学研究队伍较为年轻化,45岁以下的优秀青年学者已成为生物力学研究的主力军。随着人们对环境问题的关注度的提高,以及对力学在环境演化过程中的主导性作用的认识的提高,一支涉及领域比较全面的环境力学研究队伍已经形成。我国爆炸与冲击动力学、物理力学的研究人员主要来自"双一流"建设高校、国家科研院所,近年来队伍规模得到较大提升。相对而言,我国交叉力学学科的优秀中青年学者占比也不高。

(二)研究平台

在研究平台方面,我国设有多个国家级力学研究平台,包括12个国家重点实验室(表1.1)、2个国家工程技术研究中心/国家工程研究中心和6个国防科技重点实验室,涉及动力学与控制、固体力学和流体力学等主要力学分支学科。在这些国家级研究平台的支撑下，力学的各个学科都取得了较大发展。

表 1.1　力学学科国家重点实验室名单

序号	实验室名称	依托单位
1	非线性力学国家重点实验室	中国科学院力学研究所
2	机械结构强度与振动国家重点实验室	西安交通大学
3	机械结构力学及控制国家重点实验室	南京航空航天大学
4	工业装备结构分析国家重点实验室	大连理工大学
5	湍流与复杂系统国家重点实验室	北京大学
6	机械系统与振动国家重点实验室	上海交通大学
7	牵引动力国家重点实验室	西南交通大学
8	高温气体动力学国家重点实验室	中国科学院力学研究所
9	爆炸科学与技术国家重点实验室	北京理工大学
10	空气动力学国家重点实验室	中国空气动力研究与发展中心
11	深部岩土力学与地下工程国家重点实验室	中国矿业大学
12	深海载人装备国家重点实验室	中国船舶重工集团公司第七〇二研究所

在动力学与控制领域，我国学术机构拥有大型电磁振动台、Polytec 三维扫描式激光测振仪等高端测试设备，自行研制了机车车辆滚动振动试验台、大型转子系统动力学试验台、空间结构展开动力学试验台等一系列重要实验装置，开发了面向航天、兵器、机械等领域的专用计算软件。目前，该领域的研究平台能力与世界著名大学的水平基本相当，可服务于我国在航空、航天、机械、土木、交通、能源等领域的重大战略需求。

在固体力学领域，我国学术机构具备较为完善和先进的实验设备和测试仪器，部分研究仪器设备，例如原位纳米尺度力学测试分析系统、高速粒子图像测速（particle image velocimetry，PIV）系统、X 线断层扫描成像系统、双轴试验机系统、落锤冲击试验机系统等，已达到世界先进水平。在高性能工程与科学计算平台方面，初步形成了具备一定功能扩展性与规模扩展性的高性能计算机硬件设备，以及结构多物理场、多尺度等问题的分析程序和一批具有自主知识产权的结构分析与优化设计软件，具备了工程结构大规模高性能并行计算的能力，在国家高端装备、军工装备与重大工程的结构力学分析与自主创新设计中发挥了重要作用。

在流体力学领域，我国集中建设了一批具有世界先进水平的风洞。中国空气动力研究与发展中心建成了由数十座风洞设备和专用设施构成的风洞群，其中有 18 座设备已跨入世界级行列，规模仅次于美国和俄罗斯，能够模拟开展速度为 0 ~ 24 倍声速，高度从水下到 100 千米高空范围的空气动力研究试验。中国科学院力学研究所建成了覆盖整个飞行走廊的系列激波风洞。此外，我国还建设了中国航空工业空气动力研究院、中国航天空气动力技术研究院等大型空气动力试验研究基地。我国在船舶、海洋工程等领域建设了一批水动力学研究基地，建有大型空泡水洞、减压出 / 入水水池、风浪流试验水池、拖曳船模试验池、减压试验水池、大型波浪等一批具有世界先进水平的大型实验研究设备。上述设施为我国航空、航天、航海、海洋资源开发等领域的发展提供了强有力的技术支撑。

在生物力学领域，我国已建立了光镊、磁镊、原子力显微镜、微管吸吮 / 生物膜力学探针等单分子生物力学实验平台，流动剪切、拉伸、压缩、扭转等不同力学组合的细胞生物力学加载平台以及超高分辨力谱 - 荧光谱耦合检测平台，生物组织材料属性测试、生理系统流动模拟等组织与器官力学测量平台，基于数值模拟与仿真的诊疗与康复器件 / 设备设计平台，基于微流控与三维打印的组织 / 器官工程化构建平台等。

在环境力学领域，我国已形成了超大悬浮颗粒运移观测阵列、深海观测潜水器、同步 X 线辐射动态损伤观测装备、超高温光测实验装备、超重力离心模拟与实验装置等极端环境实验平台，纳米尺度超润滑、力学引导的微结构组装，波动与热振动、基于电磁加载技术的冲击试验平台，52 米 ×1.5 米 ×1.0 米大型流固土耦合波流水槽，环境风洞，分层流水槽、风浪流水槽，拖曳水槽、大型泥沙输运水槽等研究平台。

在爆炸与冲击动力学领域，我国已建成较完善的测试实验平台，包括 10 余座室内爆炸塔（洞），300 余套霍普金森（Hopkinson）压、拉、扭杆，各种口径一级、二级、三级轻气炮等，10 余套低能、高能短脉冲激光装置，数套电磁驱动强脉冲电流装置、轨道炮等。

在物理力学领域，我国已建成了高超声速非平衡流计算模拟平台、深度学习的跨尺度计算平台、基于同步辐射的 X 线成像设备、跨尺度高时空分辨材料结构行为动态观测系统、微纳智能结构多物理场耦合测控系统和高能光泵浦气体激光器等相关研究平台。

第四节　总体思路与发展方向

我国的经济建设和社会发展水平、国防和国家安全形势，都对力学学科的未来发展提出了更多、更高的要求。一方面，力学工作者需要不断提高原始创新能力，在基础研究方面走在学科前沿，在力学的理论、计算、实验等方面做出更具原创性的学术成果，进一步提升我国力学学科的地位；另一方面，力学学科需要全方位地服务于各个工程科学与技术领域，与我国科技、工业、社会发展紧密融合，解决人类面临的能源短缺、环境保护、生命健康等挑战性难题，解决我国经济建设、社会发展、国防和安全所面临的重大问题。

一、指导思想和发展目标

（1）力学发展要坚持"四个面向"，不断向科学技术的广度和深度进军。力学学科要全面提升研究水平，瞄准学科发展前沿，突出重点前沿基础研究，推进优势研究方向发展，力求在一些研究方向上达到世界领先水平，在具有全局影响性的基础研究领域获得原创性重大研究成果，提高我国力学学科的国际地位和影响力。

（2）力学学科要突出重大需求牵引的应用基础研究，以实现科学原始创新为目标，提出新概念、新理论、新技术、新方法和新测试技术，以支撑我国在高端装备研制、基础设施建设、环境保护与灾害预防等领域的重大需求和国民经济的发展，并为重大工程技术的自主创新做出前瞻性、引领性的贡献。

（3）力学学科要积极开展与其他学科的深度交叉融合，拓展学科的研究领域和范围，积极培育新的学科生长点，促进新兴学科的发展与布局，服务国家重大需求和人民生命健康。

（4）力学学科要培养一批杰出的领军人才，打造一支高水平的研究队伍，建设一流学术期刊和交流平台，为我国经济社会发展和面对激烈国际科技竞争提供源头创新知识，高水平、高层次人才队伍，以及平台支撑。

（5）力学学科要积极扶持具有重要基础性的弱势研究方向，

发展独具特色的研究领域，尤其是多学科交叉领域。

二、总体发展布局

（一）学科方向与学科布局

1. 瞄准世界科学前沿，加强基础研究

以面向世界科学前沿的研究为导向，加强基础研究，实现前瞻性基础研究、引领性原创成果重大突破。开展复杂系统动力学机理认知、设计与调控的基础理论研究；发展复杂湍流和可压缩湍流理论、复杂介质特性和流动理论、多场耦合作用下的复杂流动规律和描述方法等；发展新型先进材料的固体本构与断裂新理论和新方法，开展新型智能材料与结构力学、新型复合材料与结构力学的行为研究，开展软材料、低维材料、新能源材料等方面的力学行为研究；发展多尺度、跨尺度、涉及多场耦合过程的固体力学基本方法与手段，支持超大、微纳两个尺度的试验与分析方法研究，包括超硬、超软以及复杂极端环境下材料的力学行为；开展新实验方法和新实验技术研究，研究高效高精度大规模工程与科学计算方法等，扶持相关新型仪器和设备的研究与开发、通用和专业软件的研究与开发；开展生物力学、环境力学、爆炸与冲击动力学、物理力学，以及极端力学、软物质力学、力学信息学等力学前沿交叉领域的研究。

2. 面向国家重大需求，解决实际问题

重点加强面向国家重大战略需求的力学基础研究和应用基础研究，针对国家经济建设和国防建设中的技术瓶颈推动产学研结合，着力解决工程应用中的关键力学问题。继续瞄准航空、航天、

能源、机械、土木、交通等国家重大战略需求中的关键基础科学问题，推动与工业界特别是国防工业领域的合作与交流，持续开展基础理论、实验和应用研究工作，参与并主导力学相关的工业标准的制定，为重大工程的安全、运行与维护提供理论与技术支撑。研究载人航天、深空探测、跨域飞行器、洁净高效能源与动力装备、新能源装备、高速列车、海洋结构、微电子装备、高速精密机床等国家重大需求中的关键力学问题，发展重大装备与工程结构的设计理论与分析方法，研发自主产权的大型工程计算软件以及基于大数据和人工智能的高端力学计算软件，发展大型结构在役检测与安全评价理论与方法，关注结构的强度、振动特性表征、疲劳寿命预测及可靠性评价等。研究航空、航天、航海、海洋工程、高速轨道交通等领域中的流体力学问题，关注能源领域和微电子封装中的关键流体力学问题。发展组织工程与再生医学中的生物力学，临床医学、康复工程及医疗器械中的生物力学，以及发挥生物力学学科在新药研制中的支撑和定量化作用等。

3. 注重学科交叉融合，开辟新兴生长点

在与其他学科的交叉和融合中，不断丰富力学学科的内涵，拓展力学学科的发展空间，开辟新兴生长点。注重传统研究方法与人工智能、大数据、物联网、量子技术等新兴学科的交叉融合，在动力学控制、人工智能等领域发挥力学学科的优势，形成力学信息学等具有力学特色的交叉学科。积极与物理学、化学、生物学、医学等学科交叉融合，注重层次交叉、介质交叉、质智交叉、刚柔交叉等内涵，凝练核心科学问题以滋生新的学科增长点，在能源工程、柔性机器人、生物医学工程等领域扮演重要角色。由于研究对象的极端性（超硬、超软、超延展、超常规和超低密度等）和服役条件的极端性（超高温、超低温、超高速、强电磁场

和强辐照等），其力学行为可能不再满足经典连续介质力学的基本假设，需要探索和建立新的理论框架，尤其要突破相关力学实验技术和测量技术的瓶颈，实现对极端物性和极端环境下力学现象的实验观测和精确表征。要开展与环境科学、灾害科学、生命科学等领域相关的力学研究，开展与空间生命科学、航天医学、空间生理学等相关的力学－生物学耦合研究，推动动植物生长发育和代谢中的生物力学问题研究。

4. 完善学科布局，提升期刊质量

目前，我国力学学科布局和人才培养体系仍需进一步完善。需要从国家层面来统筹高等学校、研究机构、工业部门的研究生学位授权点设置、布局和分类，增加中西部地区的学位授权点数量，增加上述机构联合培养研究生的数量。在高校设立面向工程应用的学科点，在工业研究部门中设立应用基础研究机构，两者联合培养研究生。

目前，作为培育人才和科学交流的重要平台，我国力学类期刊的发展明显落后于我国力学学科的发展。我国科技发展正处于从"跟跑"到"并跑"和"领跑"的转型期，迫切需要从建设创新型国家、实现中华民族伟大复兴的高度来重视我国力学类期刊的培育。把握当前研究热点问题和学科发展趋势，立足学科发展的前沿和国家重大战略需求，在当今科技发展过程中发挥中国学者的引领作用，体现中国特色、服务国家发展战略。

（二）研究基地建设

国家重点实验室是国家科技创新体系的重要组成部分，在我国国民经济发展和国家安全建设中起着重要作用。目前，我国设有 12 个与力学相关的国家重点实验室，与其他基础学科相比数量

偏少。在一些国家重大战略需求领域和新兴生长点上，目前尚没有布局与力学相关的国家重点实验室。在当前科学技术部对国家科学研究平台进行重组和改革的背景下，力学学科的国家重点实验室布局和未来发展尤其重要：一方面，要支撑力学学科原始创新的前沿基础研究；另一方面，要结合当前国家经济发展和国防建设的重大需求，为解决我国关键核心技术的"卡脖子"问题提供有效的方法与手段。

中华人民共和国成立以来，我国力学学科在推动国家工业化进程中发挥了不可替代的重要作用，有力地推动了国防工业体系建设、高端装备制造业建设、重大基础设施建设。目前，我国具有全世界最完整的工业体系、独立自主的国防工业体系、世界上规模最大的基础设施建设体系，对力学学科具有全面的、长期的战略性需求。在"十四五"期间乃至未来几十年中，我国力学学科需要在已有的服务面向基础上，在能源工程、高端装备、材料设计、环境灾害、人类健康等方面大有所为，为解决关键技术"卡脖子"问题、建设创新型国家做出更大贡献。与此同时，力学学科需要不断与信息科学、材料科学、能源科学、生命科学等交叉融合，持续发展力学的新概念、新理论、新技术和新方法，不断催生新的力学学科生长点。

对于未来力学类国家重点实验室建设和布局，应从以下两个方面考虑。

1. 布局建设能够支撑国家战略需求的力学类国家重点实验室

国家发展战略中涉及载人航天、深空探测、大型飞机、航空发动机与重型燃气轮机、核电装备、海洋工程平台、洁净高效火电和风电装备、高档机床、高速列车、大型深海平台等一系列重大装备和工程。对各种大型结构与装备的设计与可靠性评价，需要确切掌握其结构服役安全特性，这对力学提出了更高要求。应布局建设结构安全评定国家重点实验室、重大装备动力学与控制国家重点实验室等新的力学类国家重点实验室。对现有力学类国家重点实验室，应布局能够支撑国家重大需求的大型实验设施和大型计算平台。例如，建设大型多功能风洞实验设施以支撑新型飞行器和大型工程结构的研制，建设大型水动力学实验设施以支撑国家海洋工程发展。加大自主研发力学实验设备和自主可控力学计算软件的支持力度，建立有效的管理体制和完善的质量保障体系。

2. 布局建设面向世界前沿、多学科交叉的力学类国家重点实验室

近年来，力学学科不断涌现出诸如智能材料与结构力学、软物质与柔性结构力学、生物材料与仿生力学、力化学等一些新兴的研究领域。面向力学学科的新增长点，应从长远布局，建设以力学为主导、面向多学科交叉的国家重点实验室。例如，生物力学是保障人类健康和防治重大疾病的重要科学基础，对提高人民生活质量、维持社会可持续发展具有重要的基础意义。生物力学学科的发展在医疗器械、新药研制、组织工程、再生医学、康复工程等方面均将发挥重要的促进和推动作用。因此，迫切需要布局生物力学国家重点实验室。又如，极端环境和灾害已成为人类面临的共同挑战，基于力学客观定量的理论体系和研究方法，研究环境演变和灾害过程的基本规律并解决相关关键科学问题，已成为环境科学发展的必然趋势和主流方向。因此，迫切需要布局环境力学国家重点实验室，更好地保障环境力学理论和方法的创新研究，为我国乃至世界的环境保护和减灾防灾做出应有的贡献。再如，力学工作者正充分利用人工智能技术、大数据技术和算法，

将人工智能和力学相结合，形成新的交叉学科——力学信息学，该学科研究如何快速自动化地解决各种力学科学、技术和工程问题。因此，有必要布局力学信息学国家重点实验室，为力学的发展开辟新的方向，把力学的应用推向新的高度。

（三）大型实验平台建设与实验仪器设备研制

大型基础实验设施是原始创新的重要支撑，是未来关键和核心技术发展的基础。在大型共用研究平台方面，通过布局大型实验设施建设，支撑国家重大战略需求，建议开展若干大型实验研究平台的建设和一批重要实验仪器设备的研制，具体如下。

1. 动力学环境与测控实验平台

未来国家发展战略中涉及众多大型结构与重大装备，如空间在轨展开和组装的大型天线、大型核电装备及设施、洁净高效火电和风电装备、先进动力装备、高档机床、高速列车及设施、海洋工程装备、大型深海平台等。这些大型结构和重大装备的运行环境非常复杂、服役周期长达几十年，需要确切掌握其服役的综合力学环境及相应的动态变形与振动特性，进而提高其设计、制造、使用和维护水平。目前，不论是大范围时变温度场、三维微重力场、极端惯性力场等物理环境的模拟，还是大范围、高精度的结构动态测量，都是富有挑战的难题。因此，建设大型结构与重大装备的综合力学环境与振动测控实验平台，符合国家发展的重大需求，具有必要性和迫切性，并将极大地提高我国大型结构与重大装备的自主创新研发能力。

2. 基于先进光源的材料内部损伤演化原位测试平台

在固体力学领域，固体材料内部变形、损伤及断裂过程的原位可视化测试表征是当前重大装备制造及长效服役中的前沿课题和技术瓶颈。百余年来，全尺寸结构的长效性能严重依赖基于表面测量的有限破坏性试验，取样偏小、数据单一、成本高昂、裕度过大。以同步辐射光源和散裂中子源为代表的高性能光源为实现固体材料内部变形、损伤及断裂过程高通量表征提供了超级显微镜和精密探针。为实现材料微观结构演化与变形、损伤乃至断裂行为关联关系的准确表征，兼容于先进光源高分辨成像系统的原位加载系统为科学家提供了前所未有的机遇，有望实现基于对固体材料内部变形、损伤及断裂过程认识的更加准确的长效服役评估方法和平台。目前，我国已经建成同步辐射第一代光源（北京）、第二代光源（合肥）、第三代光源（上海）及中国散裂中子源（东莞），同时各主要高校和工业界基本普及工业计算机断层成像（computed tomography，CT）系统，已经具备了在这些高性能光源上开展固体材料变形破坏原位的研究能力。

3. 超高雷诺数湍流实验设备和测量研究平台

在流体力学领域，寻找终极态湍流，不仅将超越雷诺数效应的理论框架，而且是对湍流机制认识的根本突破。在高超声速飞行器、航空发动机叶片、大规模风电装备、高速列车、海洋装备等的设计和优化中，都涉及对超高雷诺数壁湍流的准确预测和有效控制。在世界范围内实验测量平台不断刷新纪录的背景下，研制我国超高雷诺数壁湍流的大型实验设备、建立流动精准测控的综合平台，具有必要性和迫切性。此项建设不仅将显著提升我国基础科学研究领域的国际地位，还将极大地提高我国高端装备的自主创新研发能力，符合国家发展的重大需求。

4. 实验仪器设备研制

根据我国现有的力学实验仪器和设备情况，为了摆脱高端仪器长期依赖进口的被动局面，为力学学科的基础研究和解决重大问题提供方法与手段，应在如下几个方面重点组织并实施力学实验仪器和设备的研制：①空间结构与机构的动力学模拟与测量系统；②新型振动测试技术与系统；③高冲击过载、长脉宽极端载荷模拟试验系统；④智能增材制造实验装置和系统；⑤高分辨率可视化无损检测装置和系统；⑥大型装备与结构的安全监测系统；⑦力-电-磁-光-热-化-生物等多场、多对象的加载与测量系统；⑧微纳尺度力学精细测量与表征系统；⑨强辐照、强磁场、超高低温等极端环境下的精密测量系统；⑩复杂海洋动力环境的出入水实验系统；⑪深海、深地、深空等极端环境模拟力学实验系统；⑫复杂流场结构精细测量系统；⑬大型流固耦合、多相介质和气动弹性实验装置和系统；⑭台风、沙尘暴、冰雹等极端天气模拟和测试系统；⑮细胞-活性大分子层次的生物力学和软物质力学实验系统。

三、优势学科与薄弱学科的均衡发展问题

我国具有完整的力学学科体系，研究领域覆盖力学的所有分支学科，可有力支撑我国科技和教育事业的发展，促进和加快我国建设成为创新型国家和世界科技强国。

21世纪以来，我国力学学科在科学前沿和国家需求两个方面的驱动下，其规模、结构、质量、效益得到全面提升，在国际力学界的影响力不断提升。但对照建设世界科技强国的要求，我国力学研究的整体水平还有待进一步提升。例如，具有广泛影响力的原创性研究成果较少，新的学科生长点不够突出，前沿学科交叉不够深入广泛，面向国家重大工程和战略需求的应用基础研究

有待加强，缺少具有自主知识产权的大型工程计算软件，等等。

　　具体而言，在分析力学、理性力学、断裂力学等较为基础的研究领域，由于其理论性强、发展相对成熟、出成果周期长，呈现研究人员逐渐减少的趋势，甚至有后继无人的危机。这些领域是力学学科的基础，若停滞不前终将影响整个学科以及相关领域的健康可持续发展。目前，动力学与控制中的分析力学，固体力学中的非协调连续统理论、断裂力学和结构力学，流体力学中的流固耦合力学、水动力学、实验流体力学，生物力学中的植物力学、微生物力学、仿生力学，电子器件封装中的热－电－磁耦合力学等，均呈现出研究力量比较分散、缺乏国家级创新研究群体、国际合作较为薄弱的现象。此外，我国力学学科在与其他学科交叉融合的过程中产生了若干前沿和新兴领域，但从事这些交叉研究的学者相对较少，这些新兴领域的系统的学科未形成，尚缺乏系统的、原创性的、基础性的重要成果。

　　发展上述薄弱领域，需要制定具体措施加以倾斜支持，有针对性地加以引导，加大经费支持力度，促成评价体系改革，进而吸引更多的学者，逐步扩大队伍规模和影响，推动力学学科的全面、有序发展。

第五节　资助机制与政策建议

　　随着我国经济的快速发展以及建设创新型国家目标的确立，国家财政对科学技术研究的投入不断加大，尤其是"十二五"（2011～2015年）到"十三五"（2016～2020年）期间，国家重点基础研究发展计划（973计划）和国家自然科学基金对基础研究的投入快速增长，有力地保障了基础研究和创新能力的提升。鉴于力学学科兼具"理科之先行，工科之基础"的双重属性，力学的全面发展得到来自政府、企业等多个渠道的支持。其中，国家自然科学基金委员会在力学学科的发展中发挥了至为关键的独特作用。今后一个时期，我国力学学科的发展既迎来巨大的发展机遇，又存在多方面的挑战，因此其发展需要更多的经费支持与政策引领。下面主要就国家自然科学基金委员会的资助机制与政策提出若干建议。

一、资助机制

根据国家自然科学基金委员会数学物理科学部力学科学处的统计，国家自然科学基金对力学学科的资助经费稳步增加。与"十一五"（2006～2010年）期间相比，"十二五"和"十三五"期间力学学科的资助经费和资助规模均有较大提高。"十一五"期间对各类基金项目的资助经费约为8.9亿元，"十二五"期间资助经费达到19.6亿元，"十三五"期间资助经费达到31.4亿元。

近年来，国家自然科学基金面上项目的资助规模从2010年的276项增长到2020年的383项，平均资助强度则从40万元/项增加到62万元/项。在以力学为主的重点项目资助方面，"十二五"期间共资助72项，平均资助强度326万元/项，"十三五"期间共资助91项，平均资助强度317万元/项。

在以力学为主的重大项目资助方面，"十二五"期间实施的重大项目有"大型可展开空间结构的非线性动力学建模、分析与控制""强冲击载荷下钢筋混凝土的本构关系、破坏机理与数值方法""风沙环境下高雷诺数壁湍流结构及其演化机理研究"，"十三五"期间实施的重大项目有"高速轨道交通系统动力学性能演化及控制""无序合金的塑性流动与强韧化机理""介观尺度结构超滑力学模型与方法""先进材料跨尺度力学行为的理论体系、测量技术及标准规范研究""力学超材料/结构波动能量输运与调控""高温热防护材料可靠性分析和调控的力化学耦合理论与方法"。重大项目的资助强度从"十一五"期间的1000万元/项增加到"十三五"期间的1500万元/项～2000万元/项。

国家自然科学基金委员会在"十二五"期间继续稳定支持重大研究计划项目，其中以力学学科为主的是"近空间飞行器的关键基础科学问题"，有部分力学学科参与的有"高性能科学计算的基础算法与可计算建模""面向发动机的湍流燃烧基础研究""先进核裂变能的燃料增殖与嬗变"等。"十三五"期间已启动以力学学科为主的重大研究计划项目"湍流结构的生成演化及作用机理"，有部分力学学科参与的重大研究计划项目"共融机器人基础理论与关键技术研究""多相反应过程中的介尺度机制及调控"。

国家自然科学基金委员会在"十二五"期间启动的以力学学科为主的仪器类项目包括：重大科研仪器研制项目（自由申请）5项，资助强度为300万元/项～900万元/项；重大科研仪器设备研制专款项目4项，资助强度约为850万元/项。"十三五"期间启动的以力学学科为主的仪器类项目包括：重大科研仪器研制项目（自由申请）14项，资助强度为500万元/项～900万元/项；重大科研仪器研制项目（部门推荐）3项，资助强度为6000万元/项～8000万元/项。

在创新人才培养方面，国家自然科学基金委员会在"十二五"期间共资助青年科学基金1400余项，资助强度约为25.1万元/项；

资助优秀青年科学基金 38 项,资助强度为 100 万元 / 项;资助国家杰出青年科学基金 26 项,资助强度为 200 万元 / 项。在"十三五"期间,资助青年科学基金 1800 余项,平均资助强度约为 24.4 万元 / 项;资助优秀青年科学基金 56 项,资助强度为 150 万元 / 项;资助国家杰出青年科学基金 29 项,资助强度为 400 万元 / 项。

在创新研究群体项目资助方面,国家自然科学基金委员会在"十二五"期间实施的以力学学科为主的项目包括"轻质非均匀介质的力学行为""复杂环境与介质相互作用的非线性力学""复杂介质 / 结构的动态力学行为""智能材料和结构的力学与控制""骨和心血管生物力学与力生物学研究""多功能复合材料与结构力学",资助强度为 600 万元 / 项~ 1200 万元 / 项。项目负责人可根据研究工作需要提出延续资助申请,延续资助期限为 3 年。从 2014 年起,实现了 6 年稳定支持。"十三五"期间实施的以力学学科为主的创新研究群体项目包括"具有旋涡和界面的复杂流动""飞行器复杂流动的机理与控制""结构优化""软材料与柔性结构的力学""先进材料和结构的多场耦合动态力学与控制",资助强度约为 1200 万元 / 项。在"十三五"期间,国家自然科学基金委员会启动了基础科学中心项目,其中以力学学科为主的项目"非线性力学的多尺度力学问题研究"获批,资助经费达 8000 万元。

国家科技部门对力学学科基础研究的资助体系起到了多方面的重要作用,主要包括以下几点。

(一)保持基础研究队伍的适度规模

通过对国内力学研究单位的初步统计,从事力学基础研究的队伍规模约 8000 人,其中具有中级及以上职称的科研人员约 7200 人(正高级 25.3%、副高级 35.9%、中级 38.8%),具有初级职称的科研人员约 800 人。此外，具有博士学位的科研人员约 4000 人，具有硕士学位的科研人员约 5000 人（两项数据间有交集）。对 2017 ～ 2020 年度获得基金项目资助的人数进行统计，4 年内共资助了 3500 余人，受资助人数占研究队伍总人数的 40% 左右，其中正高级约 1500 人，副高级约 1100 人，中级约 800 人，博士后约 180 人。

（二）稳定支持基本科学问题和前沿领域的基础研究

通过国家自然科学基金和国家重大科技规划的长期稳定支持，力学学科对四个基本科学问题（高维系统非线性动力学、固体的强度与破坏、湍流、力学 – 化学 – 生物学耦合）的基础研究得到了进一步深化；对科技前沿领域（如微纳米力学、多场耦合力学、生物力学、仿生力学、环境力学等）研究得到拓展，形成了一些优势领域，并获得了有国际影响力的研究成果，加强了研究团队的建设。

（三）引导结合国家需求开展基础研究

通过国家自然科学基金重点项目、重大项目和重大研究计划项目，以及国家科技重大专项、973 计划、国家重点研发计划等的实施，引导力学工作者结合国家重大需求开展基础研究，增强了从工程实际中提炼科学问题的能力，提升了力学基础研究的指导作用。例如，通过 2017 年启动的国家自然科学基金重大研究计划项目"湍流结构的生成演化及作用机理"以及相关国家科技专项的实施，引导科学家围绕航空、航天、航海、大气环境等领域的国家重大战略需求和湍流相关学科发展开展系统的基础研究，其战略意义是重大和深远的。

（四）培养青年人才和优秀学术带头人

近年来，我国力学研究队伍呈现逐步年轻化的趋势。国家自然科学基金青年科学基金项目申请项数逐年增加，从 2011 年的 765 项增加到 2020 年的 1638 项。随着基金资助格局的调整，将青年科学基金项目列入人才项目系列，加强了对青年后备人才的培养，促进形成了一支高水平的青年学术队伍。通过国家杰出青年科学基金和创新研究群体项目的资助，扎实推进了优秀学术带头人的培养，稳定和培育了创新集体。通过国家科技重大专项、国家重点研发计划的资助，凝聚了力学研究团队，为力学学科的均衡协调可持续发展奠定了基础。

然而，目前国家对力学学科基础研究的经费投入仍不够充足。从支持基础研究的最主要渠道——国家自然科学基金的资助统计来看，力学学科中尚有约 70% 的人员未能获得承担国家自然科学基金项目的机会；从申请项目的同行评议和评审情况来看，因资助项目数的限制，每年都有一些具有较强研究能力的学者无法得到基金资助。此外，国家重点研发计划对力学学科的资助较少，获得资助的力学队伍覆盖面较小。这些都与力学学科在国民经济和国防建设中的作用和地位不相符，不利于力学学科综合实力的提高，不利于力学学科的布局，不利于力学基础研究队伍的成长，不利于从事国防科技研究的人员从事基础研究，也不利于基础研究与应用技术研究的结合。

二、政策建议

力学学科的发展，既需要力学家群体以热爱科学、献身科学的精神不断开拓创新，又需要国家相关科技管理部门从学科发展的整体布局出发，大力支持，精心组织，总体布局，有的放矢。只有两者有机结合，相互协调，互为促动，才能更大限度、更为有效地推动力学学科的稳健发展（国家自然科学基金委员会数学物理科学部，2017）。

长期以来，国家自然科学基金委员会、科学技术部、教育部、工业和信息化部、中国科学院等部门，对我国力学学科的发展给予了多方面的支持，尤其是对力学学科基础研究的支持，大幅提升了力学学科的国际地位和影响力，增强了力学对工程技术的支撑能力，促进了人才队伍的成长。通过对我国力学学科发展现状的深入分析，发现学科的能力建设、队伍建设、制度建设、环境建设、组织保障等方面，尚需进一步改进和加强。为此，以本次对我国力学学科发展战略的研究为契机，针对我国力学学科的发展现状，提出对力学学科发展的保障措施建议，希望国家有关部门和力学界进一步给予关注。

（一）强化力学的基础学科地位，促进力学学科的前沿发展

力学学科具有鲜明的学科前沿和国家需求驱动的双重属性。首先，力学学科具有一套独立、完整、不断发展的学科知识体系，并遵循着与物理学、化学、生物学等基础学科相似的基础学科发展规律。随着科学认知的深入，力学学科新的科学问题不断呈现。其次，力学学科着眼于工程技术中的共性科学问题研究，所起到的基础理论支撑作用是其他学科无法代替的。近年来，我国力学学科的创新能力不断提高，竞争力愈来愈强，国际影响力和国际地位不断提升。我国力学研究队伍是一支备受世界关注的重要研究力量，在国际舞台上扮演着越来越重要的角色。在新的历史时

期，力学学科将在航空、航天、船舶、机械、材料、能源、动力、土木、交通、环境、生命健康等领域继续起着不可替代的作用。

因此，建议国家有关部门在制订学科发展规划时，高度重视并明确力学的基础学科地位和作用，按照基础学科的发展规律来指导和评价力学学科中的基础研究工作，营造较为宽松的研究氛围；加大对力学学科的投入，以促进力学学科的全面发展，支撑国家战略需求和国民经济发展。

（二）加大对力学实验方法和技术的支持力度，支撑力学实验基地和实验平台建设

力学具有理论、计算、实验相结合的研究特点。实验是发现新现象、揭示新规律、发明新技术的源泉，同时也是验证理论和计算的重要手段。因此，研究新的实验方法，大力发展实验力学技术，是源头创新的基础。目前，我国力学研究机构使用的实验设备和仪器，大多依赖于从西方发达国家进口。在这种情况下，很难实现学术思想的原始创新。为了加强力学的创新研究，需要自主设计和研制先进的实验仪器与设备，同时开展极端力学环境下的新的实验方法研究。

因此，建议国家相关部门积极采取有效措施，加大对发展力学实验新方法和新测试技术的支持力度：一是支持自主研发力学实验设备和仪器，加大研究经费的投入力度；二是培养实验研究人员并组织攻关，不断提升实验测试设备的自主研发能力和实验技术人员的水平，为原始创新提供必要的支撑条件。

（三）加强自主可控力学计算软件平台建设，支持建立国家级软件研发中心

计算是支撑近代力学基础研究、开展工程结构力学分析和设

计的重要手段。而力学计算软件则是力学理论、计算方法与工程应用之间的桥梁，是具有战略意义的"智能化软装备"。力学的理论和方法只有在软件中实现，才能更充分发挥其科学价值，形成提升国民经济发展和国防建设的能力。目前，我国力学基础研究领域和工业部门所使用的力学计算软件大多为国外产品。这些软件不仅售价高昂，而且对我国严格禁运高端模块。更为严重的是，在当前复杂多变的国际形势下，一旦我国被禁止使用这些软件，将使我国各重要行业和部门无法使用软件工具开展与力学分析相关的各项业务，遭遇"卡脖子"的困境。

为改变上述现状，建议国家加大对力学计算软件的研发投入，营造有利于力学软件开发的政策环境，通过协同攻关，研发具有自主知识产权的力学计算软件，并逐步实现关键力学计算软件的自主可控。一是国家自然科学基金委员会从基础研究层面入手，通过有计划地部署面上项目、重点项目乃至重大项目，加大对核心求解器/前后处理算法研制、力学计算软件集成以及大型自主可控力学计算软件平台研发的支持力度。二是国家有关部门依托优势单位建立若干国家力学计算软件研发中心。以国家重大任务为牵引，重点研发结构分析与优化、计算流体力学和空气动力学、高端装备和尖端武器设计仿真等大型力学与工程科学计算软件，为重大工程结构设计、重点行业产品研制提供自主可控的软件工具。同时，培养一批稳定的力学计算软件研发人才，从根本上保障自主可控力学计算软件的可持续发展。三是科学技术部、工业和信息化部、国家发展和改革委员会等部门在重点研发计划、国家科技支撑计划等项目中设立支持力学计算软件研发、产业化及其在重大工程应用中的应用示范等专项。

（四）重视学科交叉，促进创新型和复合型力学人才成长

现代力学的发展日新月异，不断向交叉领域、边缘领域扩展。近年来，生物力学、环境力学、爆炸与冲击动力学、物理力学等领域的重要性日益凸显，是贯彻科学研究要"面向世界科技前沿、面向经济主战场、面向国家重大需求、面向人民生命健康"的重要组成部分。

鉴于学科交叉问题的复杂性和挑战性，建议政府有关部门从培育复合型人才入手，积极推动学科交叉。一是适时设立与力学学科密切相关的交叉学科；在相关工程学科的本科生和研究生教育中，强化以力学为核心的工程科学教育及其教学改革；在力学专业增加其他相关专业课程和综合性课程；通过强化实践来提升力学和相关工程学科本科生和研究生的创新能力（胡海岩，2020）。二是加强力学学科人才培养实习基地建设，解决力学学科研究生、青年教师在企业的科研实习问题，提高力学学科的人才培养水平。三是建立鼓励和促进交叉学科研究的有效评审和评估机制，为交叉学科的发展提供相对客观、公正的遴选和评价体系；增加对交叉项目的支持力度，在国家杰出青年科学基金、优秀青年科学基金、重点项目等方面对交叉学科给予适度倾斜。

（五）加强人才队伍建设，积极培养优秀学者

与国际力学强国相比，我国力学学科的主要差距体现在具有世界影响力的力学家数量不足。为此，需要高度重视力学后备人才的培养，采取多种方式加大对青年学者的培养和支持力度，培养新一代学术和学科带头人。

因此，建议政府有关部门、中国力学学会等机构积极培育优秀青年学者。一是增加国家杰出青年科学基金对40岁以下青年学

者、优秀青年科学基金对 35 岁以下青年学者的资助比例，加大对学术带头人和学科领军人才后备力量的培养力度。二是进一步提高国家自然科学基金青年科学基金的资助比例，促使青年学者充分发挥其在学术生涯中的初期创造力，从整体上提升学科队伍的后劲力量。三是支持举办以青年学者为主体的各种学术活动，如专题学术研讨会、青年学者沙龙等，搭建学术交流与合作的平台，活跃学术思想，拓宽学术视野。四是针对青年学者、博士研究生和硕士研究生，定期举办暑期讲习班等活动，扩大其视野，培养其分析和解决问题的能力。

（六）促进资源共享与合作交流平台建设，提高资源使用效率

我国力学学科的体系完整、覆盖面宽，学术队伍规模位居世界之首，具有高水平的研究条件。然而，力学学科的资源共享程度还比较低，缺少高水平的合作交流平台和机制。

因此，为推动力学学科的发展，建议政府有关部门重视资源共享与合作交流工作。一是建立中国力学数据共享平台，以实现科研数据共享、力学软件共享、力学实验硬件信息共享。二是建立各类高水平科研合作平台，包括各类重点实验室合作平台、科研团队合作平台，以及结合国家重大需求的某些具体领域的跨力学不同学科合作平台。三是大力推动高水平的国内外科技交流，营造促进力学学科人才培养的学术交流氛围。建立高水平力学论坛、力学青年沙龙、力学暑期学校或暑期讲习班等；加强对北京国际力学中心（Beijing International Center for Theoretical and Applied Mechanics，BICTAM）平台的支持，充分发挥其在学术交流中的作用。

（七）提升国内力学类期刊的质量和影响力

学术期刊的质量和影响力是一个国家科技水平的重要体现。目前，我国力学期刊发展明显落后于力学学科的发展。力学期刊工作要深入贯彻习近平总书记"把论文写在祖国的大地上"[①] 的指示，切实提升我国期刊质量与学术影响力。

因此，建议政府有关部门加大对力学类期刊的支持力度：一是设立专门项目类别，用于提升期刊质量和国际影响力。二是在前沿、新兴、交叉学科等方向，鼓励创办新的力学期刊，以更好地贯彻"四个面向"。

---

① 中国共产党新闻网. 2016-06-01. 习近平：为建设世界科技强国而奋斗——在全国科技创新大会、两院院士大会、中国科协第九次全国代表大会上的讲话（2016年5月30日）. http://cpc.people.com.cn/n1/2016/0601/c64094-28400179.html

第二章

动力学与控制

本章首先阐述动力学与控制学科的科学意义与战略地位；其次介绍该学科主要分支学科／研究领域的发展规律与研究特点；再次分析各分支学科的发展现状与发展态势，尤其是目前我国在这些分支学科上的发展水平和存在的问题；最后介绍各分支学科的未来发展思路与发展方向。

第一节　科学意义与战略地位

动力学与控制是研究系统动态特性、动态行为与激励之间的关系及其调节的力学分支学科，是最经典的力学分支学科之一。人类对动力学现象的理解和控制是认识和改造自然的必然前提。动力学与控制学科的主要研究范畴包括自然界和工程领域中的动力学一般原理、系统建模，以及分析、设计与控制的理论和方法等。该学科以动态的观点研究高维、非线性、非光滑、不确定性、多场耦合等系统的运动形式、随时间变化规律及其控制策略，揭示力与系统运动之间的关系，有目标地调节系统的运动形式和动态特性，为人类认识自然提供理论方法和分析工具，为工程分析、设计与控制提供新概念、新理论和新方法。

动力学与控制是由牛顿、约瑟夫-路易斯·拉格朗日（Joseph-Louis Lagrange）和威廉·罗恩·哈密顿（William Rowan Hamilton）等学者创立的一门基础学科。随着科学、技术和工程的发展，该学科出现了许多分支研究领域，在力学系统一般原理，有限维动力学系统建模、分析和控制等方面诞生了一系列新的理论和方法。近年来，该学科与现代数学、人工智能、脑科学等产生交叉和融合，更加深入地融入航空、航天、车辆、机械、能源等领域，产生了诸多新的交叉领域，使动力学与控制学科理论和应用方面的内涵均发生了重大的延伸和变革。研究内容拓展到连续介质系统、多场耦合系统、生命系统的动力学与控制，在非线性系统动力学、不确定性系统动力学、多体系统动力学、机械与结构系统动态设计等方面取得重要进展。

在基础性前沿科学问题和国家重大需求"双力驱动"下，我国形成了以分析力学、非线性动力学、随机动力学、多体系统动力学、航天动力学与控制和转子系统动力学等为主要分支学科，以神经动力学等为主要学科交叉领域的动力学与控制学科体系，在动力学与控制理论、方法和应用方面取得了一批重要研究成果，不仅在国际力学界产生了重要影响，而且在服务国家重大需求方面，尤其在航空航天、先进制造、轨道交通、海洋工程、重大基础设施等国家重大工程领域中，发挥了不可替代的作用，直接促进了国家的经济建设和国防建设。

第二节　发展规律与研究特点

　　动力学与控制学科发展的重要原动力来自高新技术发展和重大工程需求。近年来，动力学与控制已深入融合到航空航天、先进制造、绿色能源、材料科学、人工智能、生命科学等领域，研究对象日益复杂，强非线性、非光滑性、不确定性、多场耦合等特征显著，不断催生新的学科生长点，形成了诸多新兴和交叉研究领域，使动力学与控制研究保持旺盛的生命力。该学科的特点主要体现在以下几个方面。

　　（1）基础性强、研究难度大。动力学与控制学科的主要特点是其基础性和理论性强，与现代数学、理论物理、控制理论等同步发展，而研究对象则是航空、航天、船舶、机械、动力、能源、材料、生命科学等领域的各类动态问题。动力学与控制学科的基础研究和应用基础研究主要以高维复杂系统、多场耦合系统为研究对象，以非线性问题、不确定性问题等为主要研究内容，以现代数学、大规模科学计算和精密测试技术为重要工具，并涉及现代控制理论、人工智能等学科的最新研究成果。该学科的研究难度大，往往需要较长时间的积累才能取得研究的突破。

　　（2）具有鲜明的"双力驱动"发展特点。动力学与控制学科注重在基础研究和应用研究上同时发力，实现两者之间的良性互动，体现了该学科"顶天立地"的特色。该学科重点研究一般工程学科不能或难以解决的基础和前沿科学问题，如高维非线性系统动力学、不确定性系统动力学、多体系统动力学等问题，为工程问题的解决提供研究方法和方案。当代科学技术发展中的大量实际问题，使动力学与控制领域的学者面临许多紧迫任务，需要迎接各种挑战。目前，动力学与控制学科几乎与工程技术的各个领域相关联，如航空、航天、航海、能源、制造、轨道交通、基础设施等。在国家战略需求和重大工程科学研究过程中的大量动力学与控制问题，使得动力学与控制学科面临着紧迫的研究任务，不断推陈出新。新原理、新理论和新方法的提出，也使得动力学与控制的基础研究充满了活力。

（3）学科辐射面广、交叉性强。动力学与控制学科从当代科技发展中提炼出了许多前沿热点和共性研究问题，如高维非线性系统动力学分析、不确定性系统动力学分析、多物理场耦合系统动力学与控制等。运用并发展各种方法对这些问题加以研究和解决，带动了其他分支学科的发展，并且为工程问题的解决提供基本方法和理论，极大地促进了工程科学的发展（张伟等，2013）。该学科提出的研究方法和手段，近年来被物理学、化学、经济学等借鉴用于处理动态问题。自然科学与工程技术的快速发展过程中出现了越来越多的多物理场耦合作用下的复杂系统动力学与控制问题。动力学与控制学科与力学其他分支学科如材料科学、信息科学、生命科学等形成深度融合与交叉，使得该学科在理论和应用方面的研究均产生了重大变革和创新，衍生出一些新的分支和研究方向，如复杂网络系统动力学、脑神经系统动力学等。

一、分析力学

分析力学是经典力学乃至物理学的理论基础。分析力学针对牛顿力学难以解决受约束力学系统的约束力问题，借助虚功原理，利用广义坐标将复杂的受约束力学系统约化为低维流形上无约束的拉格朗日系统；也可利用广义坐标和广义动量，获得相空间中的哈密顿系统。分析力学的基本特点是，不再纠缠于每个研究对象的受力分析，而关注研究对象的系统性，重点研究力学系统的能量变化、变分原理、对称性质等。自拉格朗日力学问世以来，分析力学的理论体系不断完善，建立了哈密顿力学、哈密顿－雅可比理论、非完整力学、伯克霍夫力学、广义哈密顿力学等新的理论体系，极大地丰富了分析力学的研究内涵和应用范畴。

分析力学的发展规律和研究特点如下：一是不再限于传统的变分法和微分方程的积分理论，而扩展到整体分析和几何数值分析，开辟了几何力学和几何控制的全新领域；二是针对工程技术发展需求，引入现代几何和数值计算的研究成果，将研究拓展到非完整系统的运动规划与控制、对称约化理论、计算几何力学与控制算法、无穷维非完整系统的几何力学与控制等；三是分析力学研究已直接面向多刚体受约束力学系统的运动规划与控制、柔性和软体机器人的动力学控制、时滞系统、非定常约束系统、超细长或超薄大幅弹性结构的动力学等问题。

未来，分析力学的发展趋势是：进一步深化和完善分析力学理论体系；积极探索现代研究方法的应用，特别是近年来迅速发展的几何力学、几何数值积分、几何控制等现代分析力学方法的应用研究；将分析力学的最新成果应用于解决飞行器、机器人、智能集群系统的动力学与控制问题。

二、非线性动力学

非线性动力学在经典动力学基础上发展而来，是适用于机械、物理、经济、生物等领域系统动态演化研究的理论基础。非线性动力学研究复杂动力系统由于非线性因素引发的特殊运动模式和演化过程，探索其定性和定量规律。非线性动力学的基本特点是不受限于研究对象的线性假设，研究并揭示现实世界及其相应数学模型所呈现的动态规律，尤其是不同运动模式之间的相互转换机制和系统的长时间动态演化，并进行相应的反演及预测，为推动自然科学、工程技术、社会科学的发展提供基础理论和方法。该学科揭示了非线性系统与线性系统的本质差别，极大地推动了动力学与控制学科的发展，深化了人类对动态过程的认识。

非线性动力学的发展规律和研究特点如下：一是重点关注强非线性、非光滑、时滞、记忆效应等导致的复杂动力学现象；二是在理论上拓展复杂高维系统非线性动力学行为的新特征及其发生机理，探索刻画新现象和新机理的理论和方法；三是在工程分析中引入非线性方法，将研究对象拓展至多场耦合状态及复杂工况，解决高端装备的关键动力学问题，指导相关设计，提高装备性能；四是利用非线性特性，实现了更广泛参数空间的动力学设计。

未来，非线性动力学的发展趋势是：面向国家重大需求，不断发展非线性动力学理论和方法，发现新的复杂现象，揭示全局非线性动力学机理；推进非线性动力学与其他学科的交叉融合以及工程应用研究，提升学科发展的深度与广度，助力科技发展和工业升级。

三、随机动力学

随机动力学是一门运用概率与统计理论和方法研究不确定性系统的动力学行为及其控制的应用基础学科。该学科源自解决航空、航天、航海、土木、机械等工业发展中典型随机动态问题的需求，主要研究上述系统的随机响应、稳定性、可靠性及其控制。目前，该学科的研究主要涵盖随机激励的耗散的哈密顿系统理论、非高斯噪声激励的动力学理论、噪声诱导的动力学跃迁、平均原理、概率密度演化理论、大偏差理论、胞映射方法等理论与方法的研究，进而解决先进制造、能源环境、生物医学发展中提出的各类随机动力学问题。

随机动力学的发展规律和研究特点如下：一是研究的随机激励从传统的高斯噪声、白噪声、平稳过程拓展为非高斯噪声、非白噪声、非平稳过程等复杂随机扰动；二是对具有高维、非光滑、多物理场耦合、时滞等因素的非线性随机系统动力学与控制、全局分析等问题的关注力度加大，并着力应对超大、超柔结构及其极端外部环境给随机动力学带来的新挑战；三是数据科学、人工智能等领域的快速发展，给传统单纯依赖模型的动力学与控制研究带来新的机遇，并由此形成响应求解、系统辨识等问题的新理论和新方法；四是以结构可靠性与最优控制、设备振动故障监测、能量采集为代表的随机动力学与控制理论方法的应用日益广泛，深化了随机动力学与控制的理论研究，拓展了其研究范畴。

未来，随机动力学的发展趋势是：进一步深化和完善随机动力学与控制理论体系，着力研究随机动力学与控制基础理论、高维非线性随机动力系统、多源复杂随机激励和极端环境下的非线性随机动力学与控制问题、随机动力学反问题等；将随机动力学与控制广泛应用于高端装备、基础设施、人工智能、生命健康等领域，解决重大工程中的关键基础问题。

四、多体系统动力学

多体系统动力学学科是为了提升机械与运载系统动态品质而诞生的学科。该学科以经典动力学为理论基础，以计算和实验方法为手段，研究含运动学约束的多体系统的动力学和控制问题。该学科的研究内容包括正反动力学问题的建模、分析、辨识、优化与控制，其主要研究对象是载运工具、机器人、航天器等高端装备中含运动副的各类机构、折展结构，也包括火箭燃料与储箱的相互作用、车辆轮胎与路面散体颗粒相互作用等多体动力学问题，还涉及体育运动、康复医学等领域的运动生物力学问题。目前，该学科的主要研究方向包括多体系统动力学建模理论、高效数值算法、实时仿真和实验验证技术、工程领域中的关键多体系统动力学与控制等。

多体系统动力学的发展规律和研究特点如下：一是从研究多刚体有限自由度的力学系统，转向主要研究包含柔性部件、含间隙与摩擦运动副、多物理场耦合等非线性因素的复杂力学系统；二是对大规模颗粒散体动力学、含接触碰撞的系统优化设计、含液体大幅晃动的充液系统动力学等复杂工程问题的关注力度加大；三是研究手段从早期纯粹的建模仿真，转向与设计和实验验证相结合的综合研究，采用数字图像相关技术和激光测量等，对计算模型进行实验验证，发展新的建模和计算方法。

未来，多体系统动力学的发展趋势是：面对新兴学科、学科交叉产生的新问题，如软材料的非线性、散体介质的流固双相耦合等，综合运用连续介质力学、非线性动力学、实验力学、计算数学、自动控制等多个学科的知识来发展动力学建模、分析、计算、设计和实验融合的方法，解决复杂的实际问题。

五、航天动力学与控制

航天动力学与控制是动力学与控制学科的重要应用基础分支，主要以空间运动体为对象，研究其在飞行过程中所受的力及其在力作用下的运动，并以此为基础开展相关运动规划和控制研究。该学科面向航天工程需求，融合其他学科的基本理论和方法，具有清晰的应用背景和鲜明的学科交叉特色。该学科的研究内容包括轨道动力学与控制、姿态动力学与控制、多体航天器动力学与控制、航天器结构动力学与控制等。针对这些问题，发展相应的动力学建模、分析、实验、控制等理论和方法，将研究成果应用于航天器研制、实验、生产、运营全流程，为航天器总体设计、规划及姿态轨道控制等提供理论依据和技术支持。

航天动力学与控制的发展规律和研究特点如下：一是随着航天器向超大尺度、多功能等方向发展，航天器的重量越来越大、刚度越来越低，航天动力学与控制的研究对象逐渐从单刚体向中心刚体带柔性附件、充液晃动航天器等转变，相应的动力学与控制问题也越来越复杂；二是分布式航天器可通过编队或者构成星座来执行相应的航天任务，其伴飞、悬停等空间操作性能成为执行任务的关键，多个航天器之间的相对位姿关系与控制精度等日益受到关注；三是随着深空探测技术的发展，该学科的研究对象从早期的地球轨道卫星二体问题逐渐转向深空探测三体甚至更多体问题；四是载人航天等空间活动的开展，对在轨维修和操作等提出了迫切要求，需要深入研究航天器的远距离制导、导航与控制等问题。

未来，航天动力学与控制的发展趋势是：进一步深化和完善空间环境下航天器轨道与姿态的运行规律研究，结合人工智能等开展多学科融合研究,推动航天动力学与控制学科的进一步发展;和相邻学科相互协作、深度融合,共同解决航天工程中的大柔性航天器动力学与控制、多航天器姿态关系与控制、在轨维护动力学与控制、空间碎片清除等问题。

六、转子系统动力学

转子系统动力学是动力学与控制的一门应用基础学科,研究对象是以旋转运动为特征的机械系统,包括汽轮机、燃气轮机、航空发动机、机床主轴、压缩机、风力发电机、航天发动机涡轮泵、船舶推进轴系等。转子系统动力学研究主要涉及转子系统的动力学建模、临界转速分析、动力学响应、动平衡、稳定性、振动故障及其诊断技术、振动控制等。该学科的应用范畴涵盖了机械、能源动力、航空航天、电气工程等工业领域,为各类旋转机械转子的优化设计、提高效率、保证安全、减少故障和延长寿命等提供理论和技术支持与保障。

转子系统动力学的发展规律和研究特点如下:一是随着旋转机械向高转速、高能量密度、高效率、高可靠性和长寿命方向发展,该学科的研究对象从简单的单频激励、线性、不变参数、确定性转子系统动力学向综合考虑复杂激励、非线性、变参数、不确定性、多场耦合影响的复杂转子系统动力学方向发展,并高度关注上述因素的综合影响;二是转子系统动力学特性分析方法的计算精度主要依赖于系统中轴承、阻尼器、连接件、密封等单元的动力学参数以及系统模型,准确地建立各单元及转子系统的动力学模型是转子系统动力学研究的核心问题;三是转子系统动力学与主动控制理论相结合的振动控制日益受到人们的关注,通过反馈控制的方式对转子系统的振动、不平衡、稳定性、传递力等进行主动控制，进一步降低转子系统的振动和传递力，提高转子系统的稳定性。

未来，转子系统动力学的发展趋势是：面对不同工程领域各类旋转机械呈现出的动力学与控制问题，综合运用经典动力学、非线性动力学、随机动力学、多体系统动力学、控制理论等多学科的成果，发展转子系统动力学的理论体系和分析方法；解决工程中各类旋转机械的动力学和控制问题，为其高效、高可靠性运行提供技术支持。

七、神经动力学

神经动力学是动力学与控制中的新兴交叉学科。该学科基于动力系统的思想、理论和方法，研究生物神经系统的电生理、信息和认知活动的动力学与控制问题，构成现代神经科学中"理论—实验—计算"研究模式的重要组成部分。该学科的基本特点是运用动力学的思想、概念、理论和方法，研究神经系统状态和特性的动态问题，属于广义力学体系的范畴，拓展了动力学的研究范畴（王如彬等，2020）。该学科的基本任务是，基于动力学的基本原理和数学工具开展生物神经系统的电生理、信息和认知活动的动力学建模、动力学行为及其机理分析，为脑科学和智能科学提供新概念、新思想和新途径，服务于临床医学。

神经动力学的发展规律和研究特点如下：一是逐步重视神经动力学理论方法与神经生物学、临床医学实验等密切结合，形成"理论—实验—计算"研究模式，通过建立符合生理意义的理论模型来探究神经系统电活动的动力学行为及其转迁的本质机理，揭示神经活动和认知功能的规律和动力学原理；二是针对神经系统复杂的结构和功能特性，系统性地分析从分子、细胞、网络直到整体的不同层次上神经系统状态与特性的动力学行为，阐明认知功能和心理活动的动力学机制；三是对信息科学、非线性动力学、临床医学以及复杂性科学等多学科的有机交叉融合的关注度提高，并发展完备的神经动力学理论体系和架构。

未来，神经动力学的发展趋势是：面向我国"脑科学与类脑研究"的两个方向，即以探索大脑秘密、攻克大脑疾病为导向的脑科学研究、以建立和发展人工智能技术为导向的类脑研究；基于学科交叉中涌现出的新的理论和技术问题，进一步深化和完善神经动力学理论体系；探索将神经动力学理论和方法应用于精准医疗、类脑智能、人工智能理论和装备等领域。

第三节　发展现状与发展态势

随着科学与工程技术的迅速发展，动力学与控制学科通过向数学、物理学、生物学等基础学科借鉴，与航空、航天、机械、船舶、能源、医学等学科交叉和融合，在研究方向和研究内容上发生了重大变化，新的研究领域不断涌现，理论研究和实验手段也不断推陈出新。下面简要介绍该学科的发展现状和发展态势。

一、分析力学

近年来，分析力学研究引入了群论、现代微分几何学、保结构算法等现代数学方法，使其研究方法逐步实现了从局部分析到全局分析、从解析到数值分析的转变和深化。与此同时，来自工程中的非完整系统、非光滑系统、非线性系统、多体系统等不断向分析力学提出一系列需要研究的新问题，推动分析力学研究不断完善自身的理论体系，创新研究方法，拓宽应用领域。

分析力学与大范围微分几何相结合，发展出了几何力学，可应用于非完整受约束力学系统的运动规划与控制研究。几何力学与对称性理论相结合，形成了对称约化理论，可应用到航天器、机器人等工程领域的最优控制研究中。几何力学与保结构算法相结合，形成了几何数值积分方法，可实现能保持长时间高精度稳定的数值计算。几何力学与非线性控制相结合，形成了动力学系统的几何控制理论，可应用于机器人集群编队的运动规划与控制等。

我国分析力学的发展正逐步走向理论体系完善、研究方法创新和工程科学应用的融合，在受约束力学系统的对称性与守恒量、无穷维非完整系统的几何力学与控制、伯克霍夫力学、保结构算法与几何积分等方面的研究取得进展。这主要体现在：从局部分析向整体分析的转变，更多关注力学系统的对称性、完整性、可积性、奇异性等；动量映射与对称约化技术成为几何力学的理论研究和应用研究的核心，在线性化求解和几何控制领域得到了应用；实现了从辛算法到几何数值积分的提升，并将几何数值积分应用于运动规划与控制领域；借助几何力学的统一建模工具，实现研究对象从有限维到无穷维受约束力学系统的拓展；扩大与多体动力学、非线性动力学、计算力学、随机动力学、控制理论、机器人等相关学科的交叉研究，实现分析力学向更复杂系统动力学和工程应用领域的拓展。

我国分析力学学科虽然取得了上述研究成果，但与其他力学分支学科相比，仍属于较为薄弱的基础学科，具有若干亟待解决的问题。例如，该学科在吸引青年学者、培育优秀中青年人才、开辟新的研究领域等方面遇到较大困难，导致原创性研究成果少，在国际著名几何力学与控制期刊上发表的论文不多。又如，分析力学的抽象性与复杂性导致该学科的学者与工业界的相互沟通难度较大。解决这些问题不仅需要该学科自身的努力，还需要整个力学学科、相关部门的大力支持。

二、非线性动力学

在非线性动力学的发展过程中，学者们不断提出新的非线性动力学理论和分析方法，发现新的复杂现象并揭示其动力学机理，同时积极将非线性动力学理论与其他学科进行交叉融合，推动工程应用研究。随着非线性动力学的发展，具有多解、能量依赖特性的非线性现象及理论在自然科学、工程技术、社会科学领域得到认可和普及。这些领域也提出了大量新颖、复杂的非线性动力学问题，促进了非线性动力学研究向深度和广度发展。

近年来，非线性动力学的理论研究已深入到高维复杂非线性系统的动力学现象及其机理研究，包括复杂网络动力学的理论和方法，含有多时变时滞/空间滞后系统、多时间/多空间尺度系统的动力学机理，非光滑和分数阶动力系统的分岔理论和方法等，其成果已被应用于网络安全、输电网运行及稳定性、交通网络设计和调控、脑科学研究等。非线性模态分析求解和实验测试能力有了实质性推进，已实现对某些飞行器结构有限元模型的非线性模态分析计算，以及非线性部件部位实验辨识和建模，为认识工程结构的复杂响应机理提供了理论和方法。随着人们对非线性动力学认识的深入，利用非线性特性的研究范围不断扩展，包括基于非线性动力学方法的结构振动设计和调控，涉及非线性振动的能量采集和复杂结构的非线性减振隔振方法，依据系统输入 / 输出数据的非线性系统参数辨识、非参数辨识和数据驱动辨识，基于非线性工作原理的微纳机电系统（micro/nano-electro mechanical system，MEMS/NEMS）多传感器 - 驱动器的研制等。当然，由于高维几何描述及分析方法上面临的困难，高维乃至无穷维系统的非线性动力学理论研究仍是最富有挑战性的前沿领域。此外，非光滑系统的不连续特征给理论分析带来了困难，分数阶非线性系统的分岔理论尚不完善等，均需要开展深入的研究。非线性动力学走向工程应用，尤其是在指导装备设计、改进和提高装备性能等方面，正引起关注。

我国的非线性动力学研究队伍规模较大，学术基础和研究水平均较好，在理论分析、计算方法、实验研究、非线性动态特性利用等方面取得了若干重要进展。例如，混沌复杂现象和机理分析，高效全局分析数值方法，时滞系统分岔分析及控制方法，非光滑多时间尺度组合系统的振荡机理，分数阶非线性系统的线性化定理和分岔分析方法，非线性系统参数识别及建模方法，具有跨尺度、刚柔耦合等复杂特征的非线性振动理论和方法等研究，产生了国际影响。此外，该学科在服务国家重大需求、提升工业技术水平方面迈出了坚实步伐，为我国高速轨道车辆、大型卫星天线等装备的动力学分析和设计提供了重要理论支撑。

我国非线性动力学研究虽已取得不少重要进展，但仍存在若干短板。例如，不少热门研究呈现趋同性，具有原创性、高难度的研究成果较少；多数研究针对大为简化后的非线性系统开展动力学分析，较少面对复杂非线性系统和真实工程问题，解决工程问题的能力不足；基于工程问题的实验研究及创新型设计研究不多。

三、随机动力学

随机动力学研究工程结构或其他动力系统在随机动力作用下的响应分析、损伤控制与可靠度设计问题，包括振动、动力稳定性、动力损伤与疲劳破坏、随机最优控制与可靠性分析等主要内容。目前，随机动力学的基础理论与工程应用研究是学术研究的前沿和热点，随机动力学在土木、水利、交通、机械、航空、航天、船舶等工程领域正受到越来越多的关注，得到越来越广泛的应用。随机动力学的线性理论日趋成熟，研究重点已转向非线性随机动力学及其控制。随着科学技术的进步，自然科学研究的跨尺度、多层级问题，工程技术中出现的巨型化、微型化、多场耦合及智能化等，给随机动力学与控制的理论及应用带来了新的挑战。现代数据科学理论和方法的迅速发展，给随机动力学与控制的理论研究提供了新的思路和解决方案。重大工程一些关键问题的需求为随机动力学与控制的发展应用提供了机遇。

近年来，随机动力学在随机性的刻画与建模、随机系统分析及其动力学与控制方面均取得了重要进展。例如，在经典高斯噪声激励及非高斯噪声、非白噪声、非平稳激励下的多自由度复杂系统的解析、半解析及精确高效计算、全局分析等方面取得了新进展；提出了小波分解、随机谐和函数、稀疏表达等一系列新的随机过程高效表达方法及物理建模方法；发展了基于可靠性的随机最优控制理论，将随机最优控制理论从二阶矩层次提升到概率密度层次；建立了非高斯列维噪声和分数高斯噪声激励下的随机平均原理及其诱导的动力学跃迁等。当前，随机动力学的发展呈现以下趋势：所研究的随机系统从传统的具有解析非线性形式的非线性系统向时滞、非光滑、分数阶系统和复杂非连续－连续介质非线性力学系统拓展；所研究的随机激励从平稳、白噪声、高斯噪声向非平稳、非白噪声、非高斯噪声激励系统发展；研究手段从解析近似为主向解析方法与数值方法并重、定性与定量相结合发展；对不确定性的处理从随机性向更广泛的不确定性（包括固有不确定性与认知不确定性）的量化与传播方面拓展；从传统的模型为主研究转向数据与模型双驱动的理论与方法研究。

我国学者在随机动力学领域取得了一批具有国际影响力的研究成果。例如，提出并发展了随机激励的耗散的哈密顿系统动力学与控制的理论体系、随机结构系统响应的概率密度演化方法、非高斯噪声与分数高斯噪声激励下的随机平均原理与作用机理等，在随机响应、随机稳定性、随机分岔、可靠性与随机最优控制、基于大偏差理论的离出问题研究、全局分析等方面均取得了重要进展，并在国际力学界产生了重要影响。

我国随机动力学研究虽已取得较为丰硕的成果，但也存在若干短板。例如，在学术队伍建设方面，优秀中青年学者为数不多，学术影响力不够高；在研究内容方面，理论研究的深度尚需加强，理论研究与工程需求的结合还不够紧密。

四、多体系统动力学

多体系统动力学研究起步于多刚体系统，然后拓展到具有微小变形的柔性多体系统，并逐步走向成熟。随着空间可展开结构、柔性机器人、软机械系统的发展，多体系统日趋柔性化，其大变形与大范围运动相耦合，产生极为复杂的强非线性动力学问题，进而催生了共旋坐标法、绝对节点坐标法、几何精确法等研究多柔体系统的动力学建模方法和相应的计算方法。这些研究推动了多体系统动力学与连续介质力学、计算力学、材料学的交叉融合，为学科发展提供了源源不断的驱动力。

近年来，多体系统动力学针对机器人、航天器等高精尖、高可靠性产品的研制需求，深入研究计入关节间隙、摩擦、润滑、机构传动链等强非线性因素对动力学过程的影响，分析接触、碰撞、摩擦等复杂表界面的动力学问题。与此同时，该学科对齿轮系、高速轴承、分离机构、绳系机构、关节运动副等机械传动装置的动力学分析的关注度提高，尤其是多尺度系统的建模与分析。该学科的应用面向还拓展到仿生机器人、康复医疗机器人的研制，以及有序机构组成的超材料设计等。多体系统动力学的另一个重要发展趋势是，在平衡计算效率和模型精度的前提下，面向极端环境和多物理场耦合的复杂多体系统，发展统一的理论框架和跨尺度的大规模计算技术，解决空间柔性可展开机构、航天器在轨自组装、含充液容器的运载工具、车辆－轮轨－路基（颗粒介质）耦合系统等方面的复杂建模和计算问题。此外，多体系统动力学的实验技术得到了长足的发展，很多以前因实验观测能力限制而无法定量描述的动力学现象，已能够通过数字图像技术和激光测量等手段进行精细观测，为验证动力学模型提供了可靠的实验方案。

我国多体系统动力学研究已完成从"跟跑"到"并跑"的转换，开始步入世界先进行列，取得了若干具有国际影响力的研究进展，如含间隙和不确定性的机械系统建模、多体系统动力学建模理论及大型空间伸展结构的高效快速计算方法、多体系统动力学的传递矩阵建模方法及其在火炮发射动力学中的应用、高速铁路的车辆－轮轨－路基耦合动力学建模及其高效算法、碰撞接触表界面动力学基本理论及其在飞行器对接着陆过程中的应用、含单边受约束力学系统的非光滑动力学算法、刚－柔－液耦合动力学理论及其在多充液箱航天器动力学与控制中的应用等。该学科在国家重大工程实施中发挥了重要支撑作用（孟光等，2016），包括大口径射电天文望远镜的设计，大型空间天线在轨展开过程的动态模拟，空间飞行器交会、对接过程的动态模拟，空间机械臂的设计和实验，多管火箭炮的研制等。

我国多体系统动力学研究虽已取得长足进步，但仍存在若干问题。例如，学术积累不够深厚，原创性研究成果相对较少。又如，研究正问题较多，研究反问题较少；研究确定性问题较多，研究不确定性问题较少；侧重已有多体系统的建模、分析与优化研究，而对多体系统动力学的创新设计和实验的研究较少。再如，解决具体问题的研究较多，而对系统性的工程软件的研发不足。

五、航天动力学与控制

随着新概念航天任务和航天器的提出，航天动力学与控制的研究不断取得进步。该学科的总体表现为由简单系统转向复杂系统，由线性动力学发展至非线性动力学，由解耦处理转向耦合分析，由单纯动力学拓展至动力学与控制相结合，并且在航天器的轨道、姿态、结构振动等方面均有所侧重。

随着全球深空探测热潮的兴起，与深空探测相关的轨道动力学再次成为航天动力学领域的研究热点。在与非线性动力学、现代数学、智能控制等学科交叉的基础上，该学科在深空多目标探测的轨道优化、三体及多体系统低能量轨道的设计、不规则形状天体引力场的表征、弱引力天体附近周期轨道的搜索、稳定性的分析及设计与应用、深空探测任务轨道的设计与控制等方面取得了大量研究成果。新概念推进系统（离子推进、太阳帆、电帆等）的提出和应用，使航天器轨道动力学与控制的发展有了新的增长点。随着空间在轨服务、超大尺度航天器等概念的提出，航天器姿态动力学的研究热点集中到大尺度空间结构的非线性刚柔耦合动力学精细建模和仿真，这是尚未有完整解决方案的开放课题（胡海岩等，2013）。在控制方面，快速、高精度、高稳定度姿态机动控制策略是近年来的研究热点，大量的新理论、新方法已经涌现，迫切需要开展在轨应用研究。多体航天器动力学与控制是发展最为迅速的研究领域，其部件级建模和系统级高精度快速计算均有不少研究成果，且已成功应用于大型索网结构的位形分析、展开锁定分析、空间机器人系统动力学分析等新型航天器设计中，而机构精细建模、系统耦合特性分析、运动规划与控制等是研究热点。

我国航天动力学与控制研究在填补国内空白的同时，研究内容和水平正出"跟跑"航天强国变为与其"并跑"。例如，大型可展开空间结构动力学分析与设计、空间机器人系统动力学分析与其轨迹规划控制、深空探测轨迹优化、小行星探测动力学、充液系统等效建模及耦合动力学分析、刚-柔-液-热耦合系统动力学建模及分析、微振动环境动力学及振动控制、编队卫星及星座设计、小天体附近轨道动力学等方面取得了显著进展。其中，大型可展开空间结构动力学分析与设计、深空探测轨迹优化、小天体附近轨道动力学等领域的研究进入世界前列。

我国航天动力学与控制研究虽已取得显著进展，但尚有若干薄弱环节需要加强。例如，具有国际影响力的优秀中青年人才不多，导致具有引领性的研究成果少。又如，由于空间环境的特殊性，航天动力学研究需考虑热－电－力－环境耦合效应，而目前基于多学科交叉融合的创新研究不足，关于天地一致性的实验研究较弱。再如，理论研究和工程验证的结合还不紧密，国家对行业软件自主研发的支持力度不大，知识产权自主性急需加强。

六、转子系统动力学

转子系统动力学研究主要关注转子系统的动力学建模、动力学分析、稳定性、可靠性和振动主动控制等问题。转子系统动力学分析的精度主要依赖于系统中轴承、弹性阻尼支撑、连接件、密封等单元的动力学参数及系统动力学模型的精细程度。虽然已在轴承、阻尼器、盘轴及定子结合面等方面提出了一系列模型，但目前仍缺乏准确描述其动力学特性的理论模型，影响了对转子系统动力学特性分析的精度。线性转子系统动力学（如临界转速、动力学响应及稳定性）理论和分析方法已趋于成熟，但复杂激励、非线性、变参数、不确定性、多物理场耦合的复杂转子系统动力学的研究面临众多难题。现有理论和方法在解决复杂转子系统动力学问题时无法突破瓶颈，需要依赖非线性动力学、随机动力学、多物理场耦合系统动力学的新突破。

近年来，转子系统故障分析与诊断研究开始从单故障的定性分析和诊断向多故障的定量分析和诊断发展，如对转子裂纹的诊断不仅仅要准确判断出是否有裂纹存在，更需得到裂纹位置、裂纹尺寸以及剩余寿命评估。此外，基于大数据分析的转子系统故障分类及诊断方法正受到关注，但其有效性仍需要工程实际的验证。在转子系统振动主动控制研究方面，虽然转子系统的可控性、可观性、模型降阶与溢出等方面已有相关理论研究，但现有的控制器设计方法依然直接利用传统控制理论，尚缺乏基于转子系统动力学特性的转子系统振动主动控制理论。此外，高新技术发展给转子系统动力学带来许多具有挑战性的新问题，如微转子系统中的尺度效应、高温超临界 CO_2 机组中的温度效应等。

随着"高档数控机床与基础制造装备""航空发动机及燃气轮机"等重大研究计划和重大专项的实施，我国转子系统动力学学科的发展迎来宝贵的发展机遇，我国学者利用转子系统动力学理论和方法解决了一系列现代大型工业装备及国家重大需求中的问题。例如，对燃气轮机转子系统动力学的研究，为我国 50 兆瓦重型燃气轮机的研制提供了技术支撑（王铁军，2016）；针对转子系统的碰磨故障，建立一系列的动力学模型，并发现了许多重要的非线性现象，为旋转机械系统设计、振动故障诊断与评估等提供了理论支撑；所研制的电磁轴承、气体轴承已经在高速旋转机械上获得大量的应用，产品进入国际市场。

我国转子系统动力学研究虽已取得长足进步，研究队伍规模逐年扩大，但仍存在多方面的不足。例如，优秀中青年学者的数量偏少，研究领域偏窄，实验研究水平不高，导致缺少具有引领性的成果。又如，缺乏具有自主知识产权的大型转子系统动力学分析软件和故障监测与诊断系统等，在解决重大装备中的技术问题方面与工业发达国家相比还有明显差距。

七、神经动力学

以脑科学为核心的神经科学是 21 世纪科学技术研究的重要前

沿领域，正酝酿着新的突破，给神经动力学研究带来很好的发展机遇。在这样的背景下，神经动力学在理论、实验和临床应用研究方面取得许多重要成果。神经系统的解剖学和电生理学的实验研究取得重要进展，学者们正致力于绘制大脑不同功能结构的多层次图谱。基于动力学观点深入研究典型神经电活动，使人们对神经系统的生理结构和神经信号的传导机制有了全新的认识。对神经系统的复杂动力学行为的跨学科交叉研究，不仅可为神经科学奠定坚实的理论基础，对非线性动力学、网络科学和人工智能的发展也具有重要意义。

近年来，神经动力学研究已从基于临床数据向大规模复杂神经网络、从神经动力学理论建模和分析向实际应用发展。例如，利用复杂网络的理论和方法，基于功能磁共振成像、脑磁图以及脑电数据，定量地分析大脑的结构；利用神经动力学理论进行高级认知功能、学习记忆功能和行为预测控制等；探索神经动力学理论和模型在类脑智能控制方面的应用。今后，神经动力学将致力于建立与临床数据更为符合的具有生理意义的动力学模型，建立完整的大脑结构功能图谱，开发大规模神经网络通路的调控手段，发展临床神经疾病的诊疗理论和方法，发展用于类脑智能控制的神经动力学模型和方法。

我国神经动力学研究虽然起步较晚，但已初步形成若干特色和优势，产生了一定的国际学术影响。例如，利用神经能量理论构建全局脑功能模型，提出神经元能量模型，并且给出了大脑智力探索的模型与计算方法，可高效地进行神经网络活动的整合与动力学模拟。又如，基于神经医学的临床数据分析，建立表征癫痫发作的动力学模型，揭示关键性生理因素对神经网络放电模式和疾病转迁的影响机制，为深入认识和诊治神经疾病提供了可靠的理论依据。

我国神经动力学研究虽已取得若干成果，但研究队伍规模、研究水平尚处于积累阶段，存在若干亟待加强的薄弱环节。例如，研究队伍规模较小，研究领域的覆盖面比较窄，缺少具有引领性的成果；临床实践与应用转化研究能力较弱；该学科与力学其他分支学科间的学术交流不够广泛。

第四节 发展思路与发展方向

本节按照动力学与控制的各分支学科／研究领域，依次介绍其未来发展思路和主要发展方向。

一、分析力学

分析力学的发展思路是：注重分析力学理论体系的完善和深化，强调几何力学、几何数值积分方法等现代分析力学方法的创新和应用，加强分析力学方法在工程科学领域的应用。主要发展方向如下：①分析力学基础理论的深化和完善；②无穷维受约束力学系统的保结构算法及控制应用；③复杂动力学系统分析力学理论及其应用；④约束力学系统的非线性动力学研究及仿真；⑤分析力学的理论和方法在工程中的应用研究。

二、非线性动力学

非线性动力学的发展思路是：重点关注系统的运动稳定性、

分岔、混沌、分形和孤立子等科学问题，加强非光滑系统、时滞系统、时变系统、分数阶系统、复杂网络等复杂非线性系统的动力学现象及机理等研究，主动利用非线性动力学效应，解决工程中的非线性动力学问题。主要发展方向如下：①高维、无穷维系统的非线性动力学理论与方法；②时变、时滞及多时间尺度耦合动力学理论与方法；③非光滑、分数阶非线性系统动力学理论与方法；④数据驱动的非线性系统建模与辨识方法；⑤复杂非线性系统动力学建模及降阶方法；⑥非线性组合结构的动力学控制；⑦能量采集和减振、隔振新方法；⑧基于非线性动力学的动态设计与调控；⑨非线性动力学理论和方法在工程中的应用。

三、随机动力学

随机动力学的发展思路是：进一步完善和深化非高斯噪声、非白噪声、非平稳及多源激励下的理论体系和方法，面向世界科技前沿和国家重大战略需求，与人工智能、生物力学、流体力学和固体力学等其他相关学科交叉融合，探索随机动力学分析和控制的新理论、新方法和新应用，加强随机动力学在航空、航天、航海、机械、能源、生命健康等重大领域中的应用。主要发展方向如下：①以哈密顿理论体系为代表的非线性随机动力学理论；②非平稳、非高斯噪声、非白噪声及多源随机噪声激励下的非线性随机系统动力学与控制理论和方法；③具有时滞、非光滑、分数阶等多物理场耦合因素的复杂系统随机动力学理论和方法；④随机动力学与控制的全局分析理论、算法与方法；⑤随机系统的激励辨识与系统模型辨识等反问题研究；⑥数据驱动的随机动力学理论和方法研究；⑦极端环境下的随机动力学与控制理论和方法研究；⑧随机动力学与控制在工程中的应用研究。

四、多体系统动力学

多体系统动力学的发展思路是：面向国家重大工程需求和学科发展前沿，在动力学建模、降阶、计算等方面提出新理论和新方法，加强与机器人、超材料、生物医学工程等研究领域的交叉与融合，研究新问题，开辟新疆域。主要发展方向如下：①极端环境和多物理场耦合作用下的多体系统动力学理论框架和大规模计算方法；②涉及多时空尺度的多体系统动力学；③含不确定性因素的多体系统高效动力学描述和计算方法；④含摩擦接触的多体系统动力学高效计算方法；⑤多体系统的动力学模型降阶和控制方法；⑥多体系统的高速运动高精度实验测试技术；⑦多体系统动力学的通用建模和分析软件；⑧多体系统动力学在软体/仿生/智能机器人、散体材料、超材料等领域的应用。

五、航天动力学与控制

航天动力学与控制的发展思路是：紧密结合学科发展现状和航天重大装备发展需求，关注复杂系统、非线性系统和多耦合系统，强调现代数学和力学手段的应用以及与自动控制和人工智能等学科的交叉融合等。主要发展方向如下：①考虑强耦合、强非线性、多时空尺度的航天器轨道、姿态、多体动力学研究；②深空多天体系统中航天器运动机理认知、优化设计与控制；③不规则形状天体引力场的表征、附近行星的周期运动及稳定性；④空间非合作目标操控中的动力学与控制；⑤大型空间结构在轨组装中的动力学与控制；⑥超大空间结构、组合结构的振动分析、振动抑制与指向控制，微振动传递机理、分析及抑制方法；⑦航天动力学与控制的天地一体化地面验证关键技术。

六、转子系统动力学

转子系统动力学的发展思路是：面向国家重大工程需求和学科前沿，充分考虑各类旋转机械向高速、高能量密度、高效率、高可靠性和长寿命方向发展所表现出的强非线性、变参数、不确定性、多场耦合等特点，加强与相关工程学科的深度融合，解决关键技术难题。主要发展方向如下：①复杂转子系统动力学的精细建模及分析；②复杂转子系统稳定性及动响应分析；③非线性 / 不确定参数 / 极端环境 / 多物理场耦合的复杂转子系统的动力学分析；④复杂多故障转子系统动力学及故障定量诊断；⑤基于动力学的复杂转子系统振动主动控制；⑥复杂转子系统的寿命预测及可靠性设计；⑦复杂转子系统动力学分析软件研发。

七、神经动力学

神经动力学的发展思路是：注重神经动力学理论体系和研究范式的完善和深化，高度重视神经科学、临床医学、智能科学等与神经动力学多学科知识的融通与创新，加强神经动力学方法在精准医疗和类脑智能等领域的应用。主要发展方向如下：①神经动力学基础理论框架和研究范式构建；②数据驱动的脑神经结构和功能网络动力学建模、分析和控制；③基于临床数据的脑神经/精神疾病的动力学建模分析及精准诊疗；④生物神经系统的功能调控动力学、肌肉控制的神经机理及其运动控制机理；⑤基于神经动力学原理的类脑智能模型、算法及器件的设计与开发。

第三章

固体力学

本章首先阐述固体力学学科的科学意义与战略地位；其次介绍该学科主要分支学科 / 研究领域的发展规律与研究特点；再次分析各分支学科的发展现状与发展态势，尤其是目前我国在这些学科上的发展水平和存在的问题；最后介绍各分支学科的未来发展思路与发展方向。

第一节　科学意义与战略地位

固体物质是人类赖以生存、生活和生产的物质基础，利用固体物质来设计各种结构和装备并保证其高效安全运行，是保障人类生命安全、促进人类文明进程的必要手段。固体变形与破坏几乎涉及人类生活的各个方面、各个工程技术领域，地震、滑坡、雪崩等多种自然灾害之中也存在固体的变形与破坏。固体物质具有多样性，其受力后的响应千差万别，具有明显的线性和非线性特征，如弹性、塑性、蠕变、断裂、疲劳等。固体强度及灾变预测的难度主要表现在不同尺度和不同层次间的耦合作用、灾变的突发性、灾变行为的局部化特征及时间的不确定性等。

固体力学是研究固体介质及其结构系统的受力、变形、破坏以及相关变化和效应的力学分支学科，是人类科学技术史上最先发展的几个科学分支之一，在人类文明进化过程中占有重要地位。20 世纪以来，固体力学得到快速发展，一系列重要的概念、理论、方法和软件被提出，形成了众多分支学科，如断裂力学、复合材料力学、计算固体力学等，是力学学科中规模最大的二级学科。

我国的固体力学研究始于中华人民共和国成立后，以钱伟长、钱令希、胡海昌等为代表的力学家在板壳理论、广义变分原理、断裂力学、结构拓扑优化等方面做出开创性贡献，赢得了国际力学界的尊重。近年来，我国固体力学家在本构理论、宏微观力学、计算结构力学与优化设计、光测实验力学、爆炸与冲击动力学和跨学科研究等前沿领域取得许多重要进展。我国学者在国际著名的固体力学期刊上发表论文数量和论文引用数量均进入世界前列，产生了重要的学术影响。

我国学者在固体力学领域的研究成果直接推动了国家的科学技术发展和经济建设，支撑国家建立起门类齐全的工业体系，尤其是独立自主的国防科技工业体系，因此我国仅用短短几十年时间就进入了工业化中后期。近年来，我国的固体力学研究在武器装备研制、高端装备研制、重大基础设施建设中起到了不可替代的重要作用。这同样标志着我国固体力学研究达到世界先进水平。

第二节 发展规律与研究特点

21世纪以来，人们发明和使用的固体介质越来越复杂，其多尺度、多场耦合、非均质和复杂性特征凸显，其使役环境也愈加超常。因此，固体力学的研究手段逐步突破传统模式，以跨尺度和系统性为特色。固体力学学科的特点主要体现在以下三个方面。

（1）兼具基础科学和工程科学的属性。固体力学以在牛顿力学基础上构建的连续介质基本原理为基础，与物理学、化学、生物学等现代科学的关系愈来愈密切，其研究对象已拓展到具有较小尺度、多场耦合作用、较强各向异性和非均匀性特征的力学问题。在固体力学的研究中，新原理、新理论和新方法不断被提出，使固体力学的基础研究充满旺盛的生命力。与此同时，固体力学学科越来越趋于为各工程领域服务，为国民经济和国防建设服务。在航空、航天、船舶、车辆、能源、土木、信息与微电子等领域，工程结构及其材料的可靠性和安全性，是直接影响经济和社会发展、国防建设和国家安全的重大问题。固体力学主要研究工程材料和工程结构的变形与破坏行为，探索其中蕴含的力学规律，探索降低破坏所造成的经济损失和社会损失的科学方法，建立新理论、新设计方法、新计算方法、新实验技术，并逐步升华到建立新的国家标准、新的结构完整性评估方法和可靠性判据，为设计更卓越和更可靠的工程材料和工程结构提供理论基础与准则。

（2）具有广泛的学科交叉性。由于力学理论和方法的普适性，以及力学现象遍及自然界和生命现象的各个层面,固体力学需要结合现代数学、物理学、化学、生物学、材料科学、工程学等学科的新概念和新方法,完善基本理论,研究力与热、电、磁、声、光、化学及生命的相互作用等交叉学科问题,建立从原子/分子级的微观结构,到纳米结构、细观显微结构,直至宏观结构的多尺度关联理论框架。另一方面,固体力学和几乎所有的工程学科(航空、航天、机械、材料、土木、交通、能源、电子、信息、生物医学工程等)相互交叉与渗透。固体力学创立了一系列重要概念和方法,如连续介质、应力、应变、断裂韧性、有限元法等。这些成就不但造就了近代土木建筑工业、机械制造工业、航空航天工业,而且为广泛的自然科学如数学、物理学、材料科学等提供了研究范例或理论基础。

(3)新的学科生长点不断涌现。随着新兴科技的快速发展,固体力学面临许多与传统力学不同的问题,催生了众多新的学科增长点,如多尺度/跨尺度力学、复合材料力学、极端力学、多场耦合力学、结构优化设计等,并呈现如下特征。一是研究对象的尺度细化,如纳米科技涉及纳米尺度,而生命科学和生物技术已进入蛋白质、脱氧核糖核酸(DNA)等大分子量级,信息科学与技术领域也已进入微米、纳米级的器件设计和制备。二是物体变形和运动由多场耦合作用所致,如热、电、磁、声、光、化学、生物学等的作用。三是所研究的物质常具有较强的各向异性和非均匀性,如碳纳米管、纳米晶体等的原子排列均为各向异性,生物体更是由多种各向异性分子和组元组成的非均匀体,信息和微电子器件也通常由具有性能差异极大的半导体、陶瓷与金属等多种材料复合而成。四是工程结构和高端装备的使役环境日趋严酷,常常面临超高温/超低温、强电磁场、极端天气、高速飞行、爆炸冲击、强烈辐照等极端条件，同时，也往往需要工程材料或结构具有超软、超硬、超延展、超致密等极端物性，才能满足一些特殊或超常规应用需求。固体力学要想解决上述问题，关键是研究其中跨越传统力学研究范围的新问题，并对新兴领域的工程应用起到推动作用（郑晓静，2019）。

一、固体变形与本构

固体变形与本构主要研究固体材料与结构的变形特性及其机理，发展相关的实验、理论、计算和分析方法，定量分析和预测固体材料与结构的变形规律。自 1678 年胡克定律被提出后，固体变形与本构理论不断发展，已形成较为完整的理论体系。近年来，随着固体使役环境日趋极端及影响因素日趋多样，固体变形与本构的研究不断突破传统框架，呈现出复杂的非均质、非线性、多尺度、多场耦合等特点。新兴科技和产业的发展，则使固体变形与本构的研究与现代物理学、化学、材料学、微纳米科学、微电子技术、医学和生命科学等学科交叉，与航空、航天、机械、土木、交通、材料、能源、信息与微电子、新能源、生物医学工程等领域联系日益密切。固体变形与本构被广泛应用于武器装备、纳米材料、纳米器件、柔性电子器件、智能机器人、增材制造、复合材料、结构涂层、微流控技术等工程中，新问题、新方向和新研究手段的不断涌现，促使新的概念、原理、理论和方法不断被提出并发展，固体变形与本构的研究进入前所未有的深度和广度。这使人们有可能从不同尺度研究与力、热、电、磁、声、光、核、化学乃至生命关联的固体变形与本构，并通过跨尺度的方法自下而上或自上而下地发展固体变形与本构理论，并进行固体材料设计。固体变形与本构不仅为固体及其结构的力学分析提供理论与方法,为其强度与破坏、安全与可靠性等力学分析提供依据和奠定基础,还可在高性能新材料、超材料、仿生材料、低维材料、软物质、新型功能材料和满足极端使役条件的特殊材料的设计与开发中发挥不可替代的作用。

固体变形与本构研究的发展规律和特点如下:一是发展和提出与新材料变形特性相适应的本构理论和分析方法;二是发展极端使役条件下的固体变形与本构;三是发展复杂多场耦合作用下的固体变形与本构;四是发展与固体日趋复杂多样的变形特性、对固体材料不同尺度微结构的强烈依赖相适应的多尺度与跨尺度分析方法。

未来,固体变形与本构研究的发展趋势是:进一步加强与其他学科的交叉和与工程的结合,研究极端环境 - 多场 - 多相 - 多状态 - 多过程 - 大变形耦合的固体变形与本构的多尺度与跨尺度分析方法、超大变形 / 远离平衡态 / 强非线性固体的变形与本构、结构 - 功能一体化的复合 / 复相材料的变形与本构,以及不断涌现的高性能新材料 / 超材料 / 微纳材料 / 功能材料的变形与本构等。

二、固体的强度与断裂

固体的强度与断裂研究主要揭示固体材料与结构的失效机理和断裂行为,发展相关的强度理论、失效判据和断裂准则,进而定量分析、预测固体材料与结构的承载极限以及抵抗断裂的能力,保障重大工程 / 装备结构的完整性和服役安全性。固体的强度与断裂包含固体材料和结构两个层次,既涉及固体材料的变形和失效机理分析以及强度和断裂理论等基础理论研究,又涉及这些基本理论在工程结构的服役行为和安全评定中的具体应用，因而充分体现了力学学科与其他工程学科的交叉与融合，也凸显了理论与应用的有机统一。鉴于固体的强度与断裂问题的重要性和迫切性，相关研究受到固体力学界的长期关注，并已较为科学地阐明了固体材料与结构的变形、损伤和失效机理及断裂行为，建立了众多合理、准确和便于使用的强度理论和破坏准则，为固体材料的研发和工程结构的设计与破坏分析奠定了科学基础。

固体的强度与断裂研究的发展规律和特点如下：一是随着使役环境渐趋严苛，边界条件更为极端，新型材料与结构的强度与破坏问题在变得更具挑战性的同时，也为这一领域研究提供了更大的发展空间；二是固体的强度和断裂问题研究不仅涉及从原子结构到宏观结构多个量级的尺度跨越，而且需要考虑热、电、磁、声、光等多物理场之间的耦合作用，因此必须注重与材料科学、物理学、化学、生物学、信息科学及相关工程学科领域开展交叉与融合，开展固体材料与结构的多层次、多层级和多场耦合的变形、损伤、失效与断裂问题研究，更加突出地体现其基础性、交叉性和应用性的特点。

未来，固体的强度与断裂研究的发展趋势是：进一步深化和完善相关的理论体系，研究材料在不同尺度下的强度与断裂、材料微结构演化与宏观断裂行为的关联、多场耦合作用下材料的强度和断裂、极端条件（高温、低温、高应变率、高压、超重力和辐照等）下固体材料与结构的强度与断裂、重大工程结构的长期性能演化和服役行为评价、材料-构件-结构的疲劳与断裂一体化、材料多尺度-多场-多过程耦合数值模拟和原位观测以及实验表征方法；充分发挥强度理论、失效准则和断裂判据等理论成果在重大工程结构的建造与评价中的重要指导作用。

三、多尺度 / 跨尺度力学

多尺度 / 跨尺度力学主要研究微纳米材料和结构的多尺度及跨尺度力学行为及其对宏观力学性能的影响，是固体力学的一个重要分支。在微纳尺度，量子效应、尺度效应、表界面效应等对材料和结构的力学行为起着关键作用，固体力学原有的理论体系面临新挑战（魏悦广，2000）。多尺度 / 跨尺度力学跨越原子、纳观、微观、宏观等多个尺度，涉及异相物质或同相物质间不同尺度的相互作用机理，不仅关注单一力场不同尺度的物理、化学相互作用，还关注多场作用下不同尺度的物理、化学、力学的耦合作用。多尺度 / 跨尺度力学不仅在解决传统工程问题中具有广泛应用，而且是新材料、新结构和新器件前沿研究的支撑性基础学科。

多尺度 / 跨尺度力学的发展规律和研究特点如下：一是在纳米尺度，力、电、磁、光、热等外部作用与由电荷、分子轨道、电子结构和电子自旋态等构成物质的局域场处于同一能量尺度，外场与物质局域场间存在强烈耦合，因此力－电－磁－热－局域场耦合是物理力学的重要特征；二是纳米尺度下，巨大的表面积 / 体积比导致纳米材料和结构的力学行为呈现尺寸相关性，诺贝尔物理学奖获得者沃尔夫冈·泡利（Wolfgang E. Pauli）曾感叹"上帝制造了固体，魔鬼制造了表面"，体现了表面研究的重要性和困难程度；三是多尺度 / 跨尺度力学跨越多个空间和时间尺度，原子尺度上，系统呈现离散性和随机性，但在宏观尺度上，系统呈现连续性和确定性，单一尺度的理论分析和计算方法不再适用；四是小尺度下，巨大自由度引起的热涨落和熵效应也会对材料的性能产生重要的影响。

未来，多尺度 / 跨尺度力学的发展趋势是：考虑多尺度、多场、多相、极端环境及材料内部多尺度结构测量的实验方法、理论模型和数值算法，合理准确地表征不同因素对微纳米和表界面力学行为的影响，揭示影响其性质与功能的最基本物理机制；与材料、机械、仿生学、微电子学、医学等多学科进行交叉，促进纳米材料、纳米器件、新能源、柔性电子器件、智能机器人、生物医学工程、增材制造、复合材料、结构涂层、微流控技术等领域的发展，为解决工程难题提供创新技术源泉。

四、波动与振动力学

波动与振动力学是研究含惯性效应固体材料/结构动态力学行为的分支学科。一方面，该学科借助数学物理理论研究材料/结构中波的传播规律、动态力学行为等问题，已形成了系统、完整、严谨的理论体系；另一方面，该学科研究波动与振动的实验测量，开发动态测试仪器和表征技术，在地震源精确测定、石油矿产勘探、无损检测、声波器件、超声波加工、超声波驱动、建筑结构抗震、工程结构减振降噪等工程领域中发挥着不可替代的重要作用。

波动与振动力学的发展规律和研究特点如下：一是随着新材料、新结构的不断涌现，以及波动与振动力学与多个学科的交叉融合，经典波动与振动力学的学科内涵得到了极大扩展，涌现出诸多亟待解决的基础理论问题，包括复杂介质动态本构关系、时空非局部连续介质力学框架等；二是通过材料/结构设计来突破常规物理力学现象，如打破质量定律、打破互易定理等，实现极端、反常的波动与振动调控；三是随着国家重大工程的发展需求，波动与振动力学作为支撑性基础学科，对颠覆性技术和高精尖设备发展的关注力度提高，波动与振动调控的能力和水平得到提升。

未来，波动与振动力学的发展趋势是：进一步完善波动与振动理论体系和应用机理，研究面对学科交叉与国家重大工程需求涌现出的科学技术问题，如复杂介质动态力学行为表征、逆向优化设计、多场耦合与主动控制、非线性振动和波动效应等；针对低频宽带波动的探测、抑制、隐身等工程难题，开展新材料和新结构的创新设计，发展相关的波动／振动调控技术和实验测试手段。

五、智能材料与结构力学

智能材料与结构力学是针对材料和结构多功能化、智能化需求而发展起来的一门固体力学分支学科。智能材料的一个重要特点是具有多场耦合特性，这赋予其在不同能量形式之间转换的能力，该分支学科利用适当方式优化控制其力学行为，使其主动适应环境变化，从而使由智能材料组成的结构或系统具有健康自诊断、损伤自抑制、破坏自修复等智能行为。智能材料与结构力学以实现智能化为最终目的，通过对不同种类智能材料的性能特点进行研究，取其所需，扬长避短，不断发展创新智能材料及其复合材料优势以满足各种需求。该学科的主要研究对象包括铁电、压电、光敏、形状记忆合金、形状记忆聚合物、磁致伸缩、电磁流变体、介电弹性体、敏感性凝胶、电活性聚合物、四维打印智能聚合物、液晶弹性体等材料，以及含有智能材料的各种结构或器件。该学科的研究任务主要包括建立智能材料力学行为和性能的本构模型，揭示结构在多种荷载作用下的静动力响应特性及其控制规律，并基于多场耦合特性设计研发传感器、作动器等功能器件乃至高度复杂的智能结构系统或机器人。

智能材料与结构力学的发展规律和研究特点如下：一是从单一的宏观或微观尺度转向多尺度和跨尺度，并涉及理论、计算和实验研究的各个方面；二是从纯粹的力学分析转到材料设计－制备－表征一体化；三是从传统的硬材料转到软硬材料相结合，更加突出功能性，也带来了复杂性和挑战性；四是从上游的基础研究或应用基础研究转向科学研究—技术研发—产品—应用开发的全链条，进而需要力学工作者掌握更宽广的基础知识，发挥力学在学科交叉上的天然"基因"优势，推动智能材料与结构力学的多方位协同快速发展，为智能社会的到来奠定坚实的物质基础。

未来，智能材料与结构力学的发展趋势是：通过对细观机制的深入辨析、材料性能的精准表征、连续介质理论体系的迭代优化、多尺度实验技术的不断完善、材料与结构体系的创新设计，为航空航天、柔性机器人、智能制造、智能交通、生物医学工程、智慧型城市等行业发展和未来社会进步提供重要保障。

六、复合材料与结构力学

复合材料与结构力学是具有工程牵引、学科交叉和前沿融合特色的固体力学分支学科。20 世纪 60 年代先进复合材料体系开始发展，固体力学工作者被赋予了新的使命和更大的主导权：一方面，要解决多相材料各向异性、非均质性和表界面效应等特征给传统理论和方法带来的新问题、新挑战；另一方面，要充分利用这些特征，设计出具有更高比性能、比效能的材料与结构，并为之提供科学且行之有效的表征和评价方法，以满足航空、航天、船舶、机械、能源、交通、石化等诸多领域的迫切需求。力学工作者从微观到细观再到宏观、从材料到结构再到功能，系统发展

了非均质 / 各向异性材料的宏观力学分析方法、基于"等效"的材料性能预报方法、考虑各相间作用及各相对整体贡献的细观力学方法、适应多相材料与尺度特征的新型测试和表征技术，以及基于多尺度、多物理场耦合的结构及结构 - 功能一体化分析方法。这不仅极大地丰富了固体力学的理论体系，而且直接造就了为重大工程提供基础支撑的热点研究方向，为复合材料与结构成为对国家安全和国民经济建设具有举足轻重的影响的重要材料与结构体系发挥了不可或缺的作用。

复合材料与结构力学的发展规律与研究特点如下：一是一体化的特征愈发明显，不仅体现在材料 - 结构一体化、结构 - 功能一体化，而且要求设计 - 分析 - 制备 - 评价一体化；二是随着高性能组分材料、复合工艺、表界面控制等技术的快速发展，复合概念越来越广，主动理念越来越强，复合尺度从以微米级为主，拓展到纳米级，低维化、超混杂、仿生化和智能化成为研究热点；三是应用领域愈来愈宽，效能要求也愈来愈高，使役环境耦合、低成本、绿色化带来了新的挑战。

未来，复合材料与结构力学的发展趋势是：建立面向多功能驱动和全寿命周期的设计新理念、新方法；与材料、制造、信息、生物等学科前沿有机结合，探索复合新效应和新途径，完善多尺度、多物理场耦合、基于不确定性量化框架下的分析与优化理论；发展更为科学、敏捷的表征、检测与评价新手段，为满足国家重大需求、提高自主创新能力提供更强的基础支撑。

七、计算固体力学

计算固体力学是以固体力学理论为基础、以计算机为工具，发展并利用先进数值方法,研究固体材料与结构的力学行为,并解决相关工程问题的重要力学分支学科。计算固体力学是支撑重大装备与结构自主创新设计的关键技术,一直受到学术界和工业界的高度关注。随着数字化、信息化、智能化时代的到来,计算固体力学与结构优化的理论、方法及相关数值仿真技术和软件不仅成为解决众多基础力学问题的重要手段,同时也是支撑高端装备研制、基础设施建设的结构力学分析与创新设计核心工具。

计算固体力学的发展规律和研究特点如下:一是研究内容由单一尺度问题扩展为多尺度/跨尺度问题;二是研究对象由均匀经典连续介质拓展至具有微结构与内部自由度、非局部相互作用显著的非均匀复杂介质;三是研究重点由准静态、线弹性、小变形、单一机械力场问题转变为强瞬态、多重非线性、超大变形、多场耦合问题;四是从假定参数精确可知的确定性问题变为需要考虑参数分散性和观测误差的不确定性问题;五是从单纯对固体材料或结构的力学行为进行预测,发展为对其进行优化设计甚至主动控制;六是更加重视高性能计算平台上并行、可扩展、分布式计算方法的研究,探索基于数据驱动、结合机器学习等超越经典框架的全新计算范式。

未来,计算固体力学的发展趋势是:致力于在多尺度计算、非均质问题分析、强非线性与多场耦合分析、不确定性分析及优化、高性能计算等方面取得突破;研发自主可控的计算固体力学和结构优化软件,支撑国家重大装备研制,解决核心工业软件"卡脖子"问题;在极端条件下,发展超越经典假设的数值分析框架,发展高精度、高分辨率、高置信度的数值模拟方法,研制相关高性能数值模拟软件,进而评估和预测极端条件下的固体和结构力学响应。

八、实验固体力学

实验固体力学是一门研究相关实验方法和实验技术以解决自然界和工程技术中复杂多样的固体力学问题的力学分支学科，是理论与实践联系的关键纽带。实验固体力学的研究内容既包括对固体力学进行实验，测量力学量的值，又包括研究与开发新的固体力学实验技术、实验仪器设备和工程测试手段。半个多世纪以来，实验固体力学在测量方法、技术和设备研究方面开拓了很多重要的研究领域，获得了丰硕的研究成果：从最初的电测法、光弹性法、几何云纹法和声学测量技术到后来的全息干涉法、散斑干涉法和云纹干涉法，再到如今的基于数字图像处理和计算机视觉的数字图像相关方法、基于 X 线和同步辐射三维成像的内部测量方法、基于拉曼光谱和太赫兹波成像的实验固体力学测量方法等。21 世纪以来，针对日益复杂的跨尺度、多场耦合与极端环境的力学测量需求，又发展了微纳米实验和测试技术、动态与冲击实验测量技术，以及高温、高速和多场耦合等极端环境下的实验测试技术。实验固体力学在力学、材料、机械、能源、动力、土木、交通、航空、航大、生物、微电子等领域均做出了重要贡献。

实验固体力学的发展规律和研究特点如下：一是积极主动地利用物理学、信息技术的最新进展，与光、电、声、磁、热、射线、数字图像和计算技术结合，解决固体力学中的测量难题；二是既具有力学研究的基础性，服务于固体力学家，又具有技术性与工程应用的特点，直接服务于工程师；三是随着科学技术和现代工程的发展，实验固体力学的研究对象更加复杂，必须不断进行跨学科的交叉，才能继续彰显其在基础研究、技术支持、学科交叉等方面的优势。

未来，实验固体力学的发展趋势是：研究高灵敏度的微纳观测试技术与表征方法、极小试件的加载测试方法；研究多场耦合作用下的加载和力学量的测试表征方法，例如热、电、磁、力等多场耦合作用下试件微小区域的形貌测试与重建技术；研究高低温、高超声速、腐蚀、辐射、强激光、粒子冲击等极端环境下材料的力学性能测试和表征技术；研究生命科学和仿生实验中的测量技术和方法；发展不同环境下图像信息的高精度自动获取，以及高空间分辨率、实时、全场测量的实现。

九、软物质力学

软物质力学是现代固体力学的前沿分支，主要研究软物质及其构成的软体结构宏微观运动与变形的定性和定量规律。1991 年，法国物理学家皮埃尔－吉勒·德热纳（Pierre-Gilles de Gennes）在诺贝尔奖授奖会上作以"软物质"为题的报告，自此"软物质"这一称谓获得了学术界公认。软物质科学涉及力学、材料科学、物理学、化学、医学、生物学等多个领域，近年来得到世界学术界的普遍重视。由软物质构成的软机器，被认为是人类未来 50 年发展的十大核心科技之一。软物质在医疗健康、智能装备、航空航天、生物工程、海洋技术等领域均受到了高度重视，对其开展深入系统的力学研究，不仅可以开拓固体力学新疆域，还能为未来的工程技术提供科学基础。

与普通固体、液体和气体相比，软物质的运动与变形具有如下典型特征。一是复杂性，即软材料体系的构筑单元具有复杂的几何形状和本构关系，构筑单元间存在弱或熵主导的相互作用，单元可组成复杂的非平衡多层级结构，具有复杂相互作用所导致的涨落、输运、弛豫等特殊变形和运动规律，一般处于非平衡状态，且具有复杂的时空演化过程。二是多尺度，即软物质变形过程中涉及软物质多层级结构的形成、发展、演变机制以及跨尺度关联。三是大变形，即软物质在微弱外激励下就会产生较大变形，且其变形一般与加载率和路径相关。四是熵弹性，即软材料体系的变化主要是由熵变引起的，与环境因素强关联。

软物质力学的发展规律和研究特点如下：一是注重宏微观结合研究材料的性能，并基于微观材料力学机理设计高强、高韧、快响应、高可靠性的新型可编程软物质；二是从以力学为主导向多学科交叉研究发展，除了关注强度、韧性等力学性能外，还关注变形与物理、化学性能的耦合，发展新型多功能软材料及其制造加工技术；三是从以材料力学性能研究为主向以材料力学性能和结构设计并重发展，重视新软体结构、新柔性器件设计与优化，发展以力学为主导的高性能柔性生物器件和软体机器人，推动其在医学、航空、航天等领域的应用。

未来，软物质力学的发展趋势是：面对具有挑战性的科学问题，如软物质在多场耦合作用下的大变形、强非线性、率相关、应力状态依赖等复杂响应特性，发展新的变形与失效理论、新的实验技术、新的计算方法，并将其用于解释软物质的变形特征、表征软物质的性能参数和变形规律等；用软物质力学来指导新材料、新结构、新器件和系统的设计，为推动智能软体机器人、柔性电子、医疗健康、生物医学工程的发展提供理论、方法和技术基础。

十、力化学耦合

力化学耦合是固体力学的一个前沿研究领域。在力化学耦合过程中，化学反应所涉及的物质扩散、新旧物质更替，会改变材料的力学、热学和电学等性质，而力学特性变化会改变化学反应的种类及进程。固体力学的核心问题是固体的本构关系和强度理论；而化学的两大核心问题是化学反应能否进行和如何确定反应速率，即热力学和动力学问题。力化学耦合理论研究力对化学反应及反应速率的影响，以及化学反应和反应速率对本构关系和强度的影响。

力化学耦合的发展规律和研究特点如下：一是注重材料的力化学耦合性能测试和表征，设计和发展有氧复杂气氛和高温环境的统一力化学耦合材料性能测试方法和标准，实现力化学耦合条件下材料组织和形貌原位观测和表征；二是关注力化学耦合条件下材料强度、韧性变化和破坏、失效机理，发展基于微结构和损伤演化的高温力化学耦合本构关系，实现力化耦合材料宏观性能的精准模拟和性能预判；三是需深度厘清力化学耦合交互机制，发展可准确模拟材料力学性能、化学反应的多体势函数，通过微尺度模拟从原子层面来厘清力化学交互机制和材料失效机理。

未来，力化学耦合的发展趋势是：针对力、化学相互作用下的双向耦合问题，发展力化学耦合理论；研究化学反应和机械载荷耦合作用下的材料和结构中的复杂变形规律和失效机理，为复杂使役环境下的材料性能提升和改性提供理论基础。

第三节　发展现状与发展态势

随着各种新材料、新结构的涌现，固体力学的理论、计算和实验研究不断创新。随着国家重大需求的不断提高，结构装备的服役条件、载荷形式和性能需求日趋复杂，固体力学学科面临许多新挑战。以下简要介绍该学科的发展现状和发展态势。

一、固体变形与本构

为适应现代工程技术的发展需求，对固体变形与本构的研究在传承经典理论的同时，不断发展新的理论和方法，呈现出从均质到非均质、连续到不连续、从线性小变形到超大变形/强非线性/远离平衡态、从单一力场到复杂的多场耦合、从单一力学学科到多学科交叉融合的态势。其研究对象从介质的宏观结构深入到介质的微观乃至纳观结构，在研究手段上也实现了从基于均匀性假设的方法到自下而上或自上而下的多尺度方法和跨尺度关联的发展。

当前，固体变形与本构研究的发展趋势是进一步加强与其他学科的交叉和与工程的结合。其前沿领域主要有：热生长氧化物固体反应流本构，单晶高温合金基底–粘结层系统互扩散力化耦合本构，力 化耦合作用下材料的非线性大变形本构，基于微观高分子链、介观微结构与宏观熵弹性的软材料微宏观本构，多尺度力学与跨尺度关联，极端环境、多场耦合作用下的固体变形与本构，以及新型结构材料、功能材料、微纳材料、低维材料、超材料、软物质等为代表的新材料的变形与本构等。

近年来，我国在固体变形与本构方面的研究发展迅速，取得了一批原创性的研究成果，在国际力学界产生了重要影响，呈现良好的发展态势。在面向力学学科前沿方面，具有代表性的进展包括：揭示了纳米结构材料变形行为尺度效应的机理；建立了超材料、仿生材料、低维材料、软物质、新型功能材料、非晶材料金属玻璃、挠曲电效应材料的本构及变形分析方法；发展了多场耦合、极端环境、超大变形、强非线性、远离平衡态等条件下的固体本构；建立了微纳米力学理论和多尺度及跨尺度分析方法等。在面向国家重大需求方面，具有代表性的进展包括：超高温热防护材料变形与本构、轻质点阵复合材料的变形与本构及微结构设计，高性能钢轨钢的棘轮与塑性安定性，核辐照环境下材料的本构行为与失效机制研究，涉及力－热－化等多场耦合的燃气轮机叶片及其热障涂层非均匀曲界面的高温氧化生长应力模型等，为我国在高端制造、能源、交通等领域的发展提供了持续有力的支撑。

我国固体变形与本构研究虽已取得丰硕的成果，但仍存在若干问题。例如，具有世界性引领作用的高水平研究不足。又如，存在重基础、轻应用的倾向，即在基础理论层面开展的研究较多，而针对面向国家重大需求的关键问题研究不足。再如，实验与分析手段滞后，涉及极端环境－多场－多相－多过程耦合的实验与分析装置不足，涉及各种尺度的机理分析及跨尺度关联的软件不足。

二、固体的强度与断裂

在传统材料与结构领域，固体的强度与断裂研究已经取得了长足的进步，建立的强度理论、损伤模型和断裂判据已经广泛用于工程结构设计和安全评估，有力地推进了相关工程学科和国民经济建设的快速发展。

近年来，固体的强度与断裂研究涉及从原子结构到宏观结构的多个尺度跨越，同时又需要考虑热、电、磁、声、光等多种物理场与机械力场之间的多场耦合相互作用。特别是随着使役环境渐趋严苛，边界条件更为复杂，新型材料与结构（如软材料/物质、超构材料、纳米微结构金属及高熵合金）的强度与破坏问题充满挑战性。强度与断裂这一固体力学核心问题研究虽已取得丰硕成果，但仍有众多关键问题尚未得到根本解决。

近年来，我国学者在传统材料的强度、损伤和断裂力学理论基础上，结合新型材料（如双态纳米结构金属材料、金属玻璃、高熵合金、凝胶、三维打印材料、轻质点阵材料、智能材料等）的独特变形规律和失效机理，通过系统的实验、理论分析和数值模拟，建立了新的强度理论和断裂准则，丰富了固体强度与断裂问题的理论体系，同时也促进新型材料的发展和应用。在极端环境下，材料与结构的变形与破坏常呈现出多场/多尺度/多过程/多状态/多相/多维缺陷强耦合、强非线性和远离平衡态等特征，传统的连续介质力学理论及建立在其基础上的计算方法、实验测试原理及技术面临新挑战。我国学者发展了高温复合材料热致损伤力学和热弹性断裂力学，揭示了复合材料热/力/氧化与热/力/电耦合失效行为，发展了材料在高温/高应变率下的损伤理论与断裂力学，阐明了材料氢脆机理及金属合金/保护层之间氢致界面失效的新机制。在大型工程结构的强度与断裂方面，我国学者发展了发动机和燃气轮机的结构强度、疲劳寿命和可靠性评估方法，建立了高速列车整车结构疲劳强度及其关键结构部件的剩余寿命评估准则，研发了高速列车长期服役行为监测与检测系统。

我国固体的强度与断裂研究虽已取得丰硕的成果，但尚存在若干问题。例如，在研究中重材料、轻结构，即研究固体材料的强度和断裂的多，关注工程结构层次的强度理论和断裂准则的少。

又如，在研究中重理论、轻实验，即从事固体强度和断裂理论研究的多，研发固体变形、损伤、失效和断裂的原位观测和实验表征技术的少。再如，在研究中重基础、轻应用，即在基础理论层面开展的研究多，针对重大工程应用中关键问题开展的研究少，学术研究与应用需求脱节。

三、多尺度／跨尺度力学

在微纳尺度下，材料的变形行为呈现出强烈的尺度效应。自20世纪80年代起，多尺度／跨尺度力学蓬勃发展，取得丰硕成果。21世纪以来，针对尺度效应的物理机制这一核心科学问题，发展了一系列微介观尺度下的原位观测方法与技术，使微纳尺度下丰富的变形细节及物理过程以可视化图像的形式呈现在人们面前；发展了各种微介观尺度下的计算模拟方法，通过多层次交叠的空间离散技术和时间加速计算技术，实现了不同层次时空物理信息的交换，可定量表征微纳尺度下材料变形细节及物理过程。在此基础上，提出了各种包含尺度效应的本构理论并用来分析微纳尺度下材料的变形、损伤及断裂，将材料强度理论的适用范围推广至微纳尺度。与此同时，以碳纳米管、石墨烯为代表的新型材料具有极端各向异性力学性能以及力－电－磁－光－热耦合特征，引起学术界高度关注。新型纳米材料的多尺度、多场耦合分析方法一直是多尺度／跨尺度力学的研究热点。

近年来，我国多尺度／跨尺度力学的研究质量稳步提升，高水平成果不断涌现，学科发展趋势良好。我国学者在微纳材料力学、微纳器件力学、微纳米摩擦力学、表界面接触／黏附／稳定性、多尺度理论、多尺度计算等方面，取得了一系列重要研究进展，总体研究水平处于世界前列。在某些领域，如晶体塑性变形机制、非局部梯度塑性理论、表界面效应理论、智能／软材料与结构的多尺度力学理论与建模、极端环境下先进材料与结构的多尺度力学、范德瓦耳斯器件原理、纳尺度力电磁耦合、微纳米摩擦力学的研究达到世界一流水平。近期，我国的多尺度／跨尺度力学发展正逐步从机理研究转向构效关系的建立、从性能预测转向功能调控、从理论模拟为主转向注重实验表征、从个例描述转向体系构建，更加注重多场、多过程、强非线性、非平衡、非均匀、多物态等超常复杂问题的研究。一方面，该领域的研究与材料、机械、能源、仿生、生物、医学等学科融合，在学科前沿领域独辟蹊径，提出了若干具有原创性的新概念、新理论。另一方面，结合国家重大需求，解决关键技术中的科学问题。越来越多的研究将投向多场耦合／极端环境下的微纳米力学理论及高非均匀介质的多尺度理论、材料－结构－功能一体化多尺度表征方法、基于大数据驱动的多尺度建模方法、高通量多尺度实验方法与测量技术、时空多尺度／跨尺度及多场耦合高性能计算、多物质强瞬态／强非线性多尺度建模等热点问题。

我国多尺度／跨尺度力学研究虽已取得许多重要进展，但仍存在若干短板。例如，在理论研究中重个例、轻体系，在计算方面重模拟、轻算法，在实验方面重测试、轻技术等。又如，在微纳米及表界面多尺度力学理论体系、微纳米及多尺度计算模拟算法和软件、超高时空分辨率观测技术与仪器等方面的研究较为薄弱。

四、波动与振动力学

自 20 世纪以来，波动和振动的线性理论均逐渐趋于完善，并获得广泛应用。近年来，波动力学研究主要面向各种新材料、新结构，与其他学科交叉融合，取得一系列重要研究进展；振动力学研究则重点针对非线性振动和随机振动，解决工程中的各种振动问题。

当前，波动与振动力学研究的发展趋势是多学科交叉融合及其与工程应用的深入结合。其前沿领域主要有：与材料科学、控制科学、信息科学、量子力学融合的波动与振动力学前沿交叉研究；考虑时空非局部效应的广义连续介质波动理论；复杂动力学系统内在演化规律与调控机理；先进材料/结构跨尺度动态力学性能表征、响应特性及逆向设计；波动与振动力学高效数值仿真算法与高精度数值预报方法；波动与振动先进加载和测量技术及仪器；水下航行器流-固-声-振耦合力学与宽低频振动和噪声抑制；面向航空发动机核心技术的波动与振动力学理论与应用；基于波动与振动力学的航天器轨道-姿态-结构一体化设计与控制等。

近年来，我国学者在波动力学研究中取得若干重要进展。在波动理论研究方面，针对新材料、新结构，发展了波动理论表征体系，如考虑微结构、多尺度、多场耦合等效应的材料动态本构表征理论；与物理学科交叉融合，扩展了材料/结构动态力学行为的内涵，如借鉴量子力学理论，发现了弹性波动行为的拓扑绝缘、非互易性、打破时间反演对称等类量子效应；与智能材料、控制技术结合，发展了弹性波传播调控的主动化、智能化，如结合压电材料、磁性材料、可编程数字电路等实现波动能量的定向、实时可控传输；与机器学习、人工智能、优化理论等领域结合，实现了复杂非均质材料和结构的快速逆向设计等。在波动应用研究方面，波动力学被广泛用于功能器件的开发、新材料和新结构的设计以及结构健康监测等，如利用兰姆波实现超声电机、基于瑞利表面波设计声表面波器件等；设计出具有类水弹性行为的五模材料实现宽低频水声绕射隐身；设计出具有局域谐振微结构的超材料，用于航天器微振动控制、水下航行器振动噪声抑制等；将弹性超声波、弹性导波等波动原理应用于结构健康监测，在波与缺陷的作用机理、特种波激发与检测技术、高保真高效数值仿真技术以及波动信号处理等方面取得了重要进展。

近年来，我国学者在振动力学研究中也取得了若干重要进展。在振动理论研究方面，我国学者在非线性振动的分岔与混沌分析、随机激励的耗散的哈密顿系统理论等方面取得重要进展，在国际力学界产生了重要影响；发展了具有跨尺度、刚柔耦合等复杂特征的非线性振动理论和方法、非光滑振动系统的高精度数值算法等，促进了非线性振动理论走向应用。在面向工程对象的理论研究方面，在飞行器结构的非线性颤振分析与控制、微机电系统振动分析、非线性振动能量收集、随机振动能量收集、减隔振功能－结构一体化设计等研究中取得重要进展，进入世界先进行列。在振动应用研究方面，在高速列车的振动抑制、潜艇减振降噪、航天器微振动控制、大型动力装置振动控制、微机电系统振动控制等方面取得重要进展，大幅提升了我国高端装备的动态品质和综合性能。

波动与振动力学的一个发展趋势是，更加重视面向重大工程问题的研究，特别是针对航空器、航天器、潜艇等重大工程装备中遇到的宽低频波动、振动问题，开展理论、计算、实验相互融合的研究，通过技术创新来解决难题。在现有工业产品研制中，主要采用静态设计－动态校核方法，或在静态结构基础上采用附加结构来处理波动和振动问题。由于缺乏静动态综合设计方法，动态功能材料／结构的研制进展缓慢，已成为水下低频声隐身、大型航天结构振动抑制等急需解决的瓶颈问题。为了推动先进材料与结构的动态设计，波动力学与振动力学的交叉研究将越来越密不可分，如需要从两者综合的角度来指导轻质化材料、减隔振功能一体化结构的设计等。波动与振动力学的另一个发展趋势是，进一步扩大与相关学科的交叉融合，扩展波动与振动力学的学科内涵，如探索新的波动调控理论和应用机理、利用非线性效应来拓宽工作频段等，在国家重大工程中发挥不可替代的作用。

我国波动与振动力学研究虽已取得丰硕成果，但仍存在若干短板。例如，跨学科的交叉融合研究较少，导致原创性研究和国际影响力不足；针对国家重大装备的动态设计、低频控制难题等研究聚焦不足，理论研究成果与工程技术的结合不强；波动力学和振动力学的研究队伍未能融合发展。

五、智能材料与结构力学

20世纪80年代中期，智能材料与结构力学成为科学技术和工程领域的研究重点。发达国家的政府部门和大型企业纷纷投入巨资，推动该领域的研究。经过约40年的发展，智能材料的非线性本构关系及力学行为的研究取得重大进展，基于线性理论的力学分析体系已基本成熟，相关成果已被广泛应用于结构健康监测等领域。

近年来，随着可穿戴电子、软体机器人等新技术的出现以及航天器结构大型化的发展，智能材料与结构力学被赋予了软和柔的特征，有力地推动了非线性多场耦合连续介质理论的发展和相应实验体系的完善，为智能材料和结构的研究拓展出全新的疆域。

我国学者在该领域开展了新型智能材料及其复合材料的研制，

智能材料/复合材料的力学行为研究，智能可变形结构的力学分析、设计及应用研究，取得了一批原创性成果：在力－电－磁－热耦合场作用下的智能材料变形与断裂行为的实验与理论研究取得重要进展，建立了形状记忆合金、铁电材料、铁磁材料（超磁致伸缩材料）、磁电材料等智能材料的多场耦合非线性本构理论（方岱宁和裴永茂，2011），如宏细观结合的统一本构理论、热力学唯象本构理论、积分型本构理论等，并推广到微纳尺度的智能复合材料中；定量分析了智能材料在多场耦合条件下的断裂和疲劳裂纹扩展等失效过程，在压电和电磁机敏材料与结构的断裂、接触、静动态响应等研究方面取得重要进展；完善了三维压电弹性理论求解体系，获得了具有重要理论与应用价值的系列基本解/格林函数；发展了智能材料层状介质弹性波理论及调控方法，建立了考虑多场耦合效应的表界面弹性理论；研制出一系列力－电－磁多场耦合科学仪器并获得一批重要实验结果；在智能形状记忆聚合物、介电弹性体电活性聚合物、功能软物质、超导材料、电磁流变体、光纤传感器、结构健康监测及其解调分析等研究领域，揭示了形状记忆和电活性聚合物复合材料的主动变形机理与力学行为，发展了超高温热－力－氧化耦合的实验测试方法和科学仪器，揭示了超高温条件下复合材料的热－力－氧化耦合作用下的损伤机理和失效行为。

我国学者在该领域应用研究方面取得的研究成果主要有：开展了特殊功能和智能复合材料在变体飞行器、空间展开结构等航空航天领域的应用研究，设计并研制了多种智能空间可展开结构和锁紧释放机构，可实现结构承载、自锁定、展开驱动、结构保持的结构与功能一体化，并具有结构简单、重量轻、展开冲击小等特点；首次实现了基于形状记忆聚合物复合材料的柔性太阳能电池的在轨可控展开，解决了柔性太阳能电池的地面卷曲锁紧一在轨可控展开一展开后高刚度可承载的难题；突破了可变形可承载自适应蒙皮的设计技术、高性能压电泵驱动技术和自适应机翼技术，使机翼和蒙皮可以根据不同的飞行任务和飞行环境改变形状，并进行了多次飞行试验，验证了相关变形技术；发展了新型自适应机翼和智能旋翼结构、复合材料构件的健康监测和飞行器结构的减振降噪技术，实现了功能材料与元件的制备和集成；在面向海洋平台、航天器等重大工程结构的灾害动力效应与振动控制、结构灾害演化行为与健康监测、抗灾减灾新型结构体系与性能设计、结构动力振动与控制、结构损伤可靠性与监测等方面进展显著。

我国智能材料与结构力学研究虽已取得重要进展，国际影响力大幅提升，但仍存在若干问题。例如，真正从事筑基性研究的学者很少，缺乏原创性、颠覆性的重大研究成果，尚未起到引领作用。又如，国家各部门对该领域的投入和政策呈现碎片化，分散在力学、材料、化学、机械、航空、航天等多个学科，导致研究力量比较分散，难以聚焦攻克关键技术。

六、复合材料与结构力学

半个多世纪以来，复合材料与结构力学的理论、模型和方法得到了充分发展，纤维增强复合材料宏细观力学、损伤容限设计方法等日臻完善，为相关标准和规范的制定奠定了坚实的理论基础，为航空、航天和诸多领域的工业产品轻量化、高性能化提供了关键支撑。

21世纪以来，考虑损伤演化和非线性效应的本构关系、计及微结构统计特征的建模方法、多尺度和多场耦合分析方法、基于渐进损伤失效机制的强度理论、多目标材料－结构一体化优化方法等取得了长足进步，为先进复合材料的大规模应用提供了有利条件。纳米化、多功能化、仿生化和智能化复合材料与结构成为当前的研究热点，吸引了大批学者开展多学科交叉研究。其中，纳米纤维、纳米基元构筑等技术，有可能更早使复合材料从微米走进纳米时代。纳米协同增强和表界面精确调控技术，则促进了复合材料与结构的多功能属性、超混杂化和多材料体系设计，并在新领域应用和关注全寿命周期方面提出了新的力学问题。

近年来，我国复合材料与结构力学发展迅猛，从基础研究到前沿探索，取得了许多有影响力的研究成果，形成了特色和优势。在功能梯度复合材料力学方面，取得多项原创性成果，得到国际同行的高频次引用。在复合材料细观力学、编织复合材料力学、热力耦合理论和实验体系、多场耦合断裂力学、超轻复合材料结构、形状记忆复合材料、极端环境下的材料行为、材料－结构一体化设计与多尺度拓扑优化等方面，完成若干原创性的研究，不仅丰富了固体力学学科的内涵，还对复合材料产业的发展起到了积极的推进作用，有力地支撑了国家重大工程。通过力学与材料学的交叉融合，在纳米复合材料方面取得重要进展，有望发展出新兴产业。我国学者的国际影响力显著提高，截至 2021 年，有两位学者获得该领域最高荣誉——世界学者（World Fellow）称号。

我国复合材料与结构力学研究虽已取得重要进展，但仍存在若干短板。例如，前沿性和引领性的研究不多，与先进制造的深度融合不足。又如，先进复合材料应用的深度和广度均落后于发达国家，除了受原材料、制造工艺等因素影响外，对影响材料成熟度的不确定性、尺度效应和工艺相关性等研究不足也是导致先进方法难以应用于工程问题的原因。再如，复合材料与结构使役环境耦合效应预测模型和性能数据相对匮乏，缺乏具有自主知识产权的软件和知识库、数据库，难以充分发挥复合材料的潜在优势和促进其大规模应用。

七、计算固体力学

近半个世纪以来，计算技术发展和重大工程需求有力地推动了计算固体力学的发展。随着数字化、信息化、智能化时代的到来，计算固体力学研究呈现出快速发展趋势，取得了一系列重要成果。计算固体力学的理论、方法及相关数值仿真技术和软件已成为解决众多力学问题的重要手段，有力地支撑了高端装备研制、基础设施建设中的结构力学分析与优化设计。

当前，计算固体力学的发展趋势是围绕多尺度、大规模、不确定性、强非线性问题发展新的计算力学理论和方法，同时积极加强与其他学科的交叉融合。主要前沿研究领域包括：考虑多物理场耦合效应的多尺度问题分析方法，复杂非线性问题的模型降阶技术，大规模非线性结构的随机动力响应和可靠度分析方法，考虑不确定性的可置信性结构优化理论和方法，基于显式几何描述的结构拓扑和布局优化方法，非均质固体断裂/破坏过程数值分析模型和计算方法，基于数据驱动的计算力学新范式研究等。

我国学者对计算固体力学的发展做出了重要贡献。独立发展了计算力学的辛求解体系，提出了祖冲之类算法和虚拟激励–辛方法等高效算法，推动了刚柔混合系统动力学分析、随机动力响应分析等问题的求解。在结构优化理论与方法研究方面，特别是在优化问题正则化列式、高效灵敏度分析方法、拓扑优化奇异最优解、材料－结构多尺度并发设计的理论、功能部件/支撑结构协同设计的优化列式、基于移动可变形组件的结构拓扑优化新框架等方面，做出了原创性工作。在考虑不确定性的结构分析、优化及反问题建模等方面做出了重要贡献；发展了基于小波级数展开的非线性问题求解框架（Zhou，2021）；在基于扩展有限元的破坏分析、高性能有限元构造、无网格法、物质点法和近场动力学方法研究等方面取得重要成果；在基于等几何分析的计算方法研究中取得实质性进展；所发展的复杂拓扑三维流形六面体网格剖分理论与算法为解决网格剖分中的"圣杯"问题奠定了基础。

我国学者还积极推动计算固体力学研究成果的工程应用。在长征五号重型运载火箭、新型舰载机、高速磁悬浮列车悬浮架等结构轻量化设计等方面取得重要进展。由于上述学术成就，我国学者先后当选 ISSMO、国际结构安全性与可靠性协会（International Association for Structural Safety and Reliability，IASSAR）执行主席。

我国计算固体力学研究虽已取得重要成就，但仍存在若干问题。例如，缺乏具有引领性的重大成果，需要加强与其他基础学科、工程学科之间的高水平深度交叉。又如，先进结构与材料使役环境日趋极端，尚需着力解决固体材料/结构破坏过程数值模拟、复杂结构动力学高效算法、含不确定性的结构分析与优化、多场多介质强耦合、多重强非线性跨时空尺度问题的计算、多功能多层级材料－结构一体化设计与优化等问题。再如，我国在该领域的计算机辅助工程（computer aided engineering，CAE）数值仿真软件系统研发落后于基础研究，更落后于发达国家，是必须着力解决的"卡脖子"问题。

八、实验固体力学

实验固体力学是固体力学最基本的研究方法和手段。自 20 世纪 50 年代以来，实验固体力学的研究对象发生了巨大变化，从传统金属材料发展到先进功能复合材料、三维打印材料以及活体生物组织，由此所涉及的微小尺度、极端条件、多场耦合、生命活动等给该学科带来了巨大挑战。

21 世纪以来，现代科学技术的发展给该学科创造了众多发展机遇。例如，以 NEMS 为代表的微电子器件，以光绝缘体、光导体、光半导体为代表的光电子器件对实验固体力学的发展起到了巨大推动作用。又如，先进的光学成像、物理技术和数据分析计算方法可进一步改进和提高已有的检测方法和技术，并可发展新一代系统化、专门化的实验力学方法和技术。再如，数字图像相关方法、激光干涉测量技术、光栅应变传感技术、非制冷型红外线探测技术、拉曼光谱 / 太赫兹波 / 光学层析成像测量技术、微纳米实验和测试技术等，已成为当今实验固体力学的研究热点。此外，高灵敏度纳观测量方法和技术、高空间分辨率高温全场实时测量手段、热－电－磁－力耦合场加载和量测表征技术、各特殊环境下的物理力学性能量测技术、生命和仿生中的实验光电测量技术和表征方法、高速加载与测量技术、极高频率的检频方法，以及上述技术和方法所涉及的图像信息的高精度、自动化提取方法，已成为实验固体力学领域的重要问题和研究趋势。

近年来，我国的实验固体力学学科蓬勃发展，并取得一批具有国际影响力、特色鲜明的研究成果。在基于光学的非接触测量方法中，时序散斑干涉、高灵敏度云纹干涉、数字图像相关方法以及摄像测量技术方面突破了以往接触式测量仅能获取单点数据的屏障，实现了实验过程中的全场数据实时获取。在微纳米实验力学方面，提出或发展的仪器化压入力学测量技术、微拉曼光谱力学测量技术、微纳米力学测量技术、探针力学测量技术推动了材料微观力学机理的研究。在智能软材料方面，发现了高含水量水凝胶的低温塑性、高强度及高低温循环下的多次重复利用特性，并发展了多种软体驱动和传感结构。在高超声速风洞颤振试验技术方面，支撑了我国的高超速飞行器研制。在专门化实验力学测量方法与技术中的超声检测技术、生物实验力学方法与技术、实验力学传感器技术、冲击动力学实验技术、疲劳和断裂测试方法和技术、识别与反演测量与分析技术等方面，已跻身世界先进水平行列。

我国实验固体力学研究虽已取得重要进展，但仍然存在若干短板。例如，实验力学研究需要依托物理学、计算机视觉、人工智能等学科的新成果，而促进学科交叉融合的政策和机制尚比较薄弱。又如，超高精度测试仪器的重要部件主要依赖于进口，国内研发设计的测试系统设备大多仅适用于限定环境条件，在高温、高压、强磁场、超高速、腐蚀等极端环境下的力学测试受限，适应性不足。再如，实验力学大数据的分析、参数识别与反演的研究不足，对数据挖掘不够深入，存在数据浪费现象。

九、软物质力学

21世纪以来，世界范围内的软物质力学研究进展迅速，软材料多场耦合力学、新型水凝胶与器件、软材料三维/四维打印、柔性电子器件力学、三维可变形电子器件力学等方向成为软物质力学研究的前沿方向。软材料在医疗健康、智能装备、航空航天、生物医学工程等领域均受到高度重视。在航空领域，软材料是变体飞行器、可重构航天器等未来装备的重要组成部分。在航海领域，由软材料构成的水下软体机器人具有高耐压、高隐蔽、融合感知与智能协同等优异性能，在环境监测、资源勘探开采、水下武器装备等领域发挥关键作用。在医疗健康领域，基于软材料的生物医疗器件能实现与人体集成的长期融合使用，精准感知人体环境下的微弱生理信号，可用于监测人体的血压、血糖、心电、尿酸等信息。

我国在软物质力学领域聚集了优势研究力量，在介电高弹体、水凝胶、液晶高弹体等智能软材料的力学行为，以及软体机器人、与软物质相关的生长失稳、表界面效应等方面取得了重要进展。从总体来看，我国的软物质力学研究水平已处于世界前列，部分研究在国际学术界产生了重要影响。

在基础研究方面，我国学者建立了软材料与生物软组织表面失稳及其演化的力学理论与计算方法，发现了表面失稳与演化的多种新现象与新规律，揭示了宏微观尺度上表面失稳的物理新机制，为柔性器件与结构设计、材料表面性能调控、力学性质测量等提供了理论基础，对癌症、炎症等软组织病变的诊疗具有应用价值（冯西桥等，2018）；建立了软材料多场耦合大变形热力学理论框架以及基于微观变形机制的黏弹性、损伤和应力状态依赖的软材料大变形本构理论，为介电高弹体与水凝胶等软材料的研究奠定了理论基础；开展了软材料力－电耦合失稳、力－化耦合扩散与疲劳断裂的物理机理研究，拓展了非线性固体力学理论与分析方法。

在技术创新方面，我国学者发明了用于水下环境驱动的软体复合驱动肌肉（介电高弹体－水凝胶），设计制造了可快速游动的全软体、全透明软体机器鱼；发展了柔性电子器件高效转印集成方法，突破了现有转印技术的局限性，能够实现几百纳米到几微米厚的超薄功能元器件的大面积、可编程高效转印；提出利用屈曲力学实现三维柔性微结构及电子器件组装的学术思想，发展基于多场驱动及复杂加载路径的组装策略和实验方法，形成了一套可适用于各种无机电子材料和复杂几何拓扑的三维柔性器件组装方法体系。基于上述研究已逐步研发了富有创新性的产品，其中柔性电子器件、生物电子器件等被应用于航空、航天、交通、医疗等领域的信号获取与调控，智能凝胶、电活性聚合物等被应用于医疗、航空、航天、航海等领域。

我国软物质力学研究与工业发达国家基本同步，但仍存在若干问题。例如，软物质力学涉及力学与材料科学、化学、物理学、微电子学、医学、生物学等多个学科领域的交叉，而学科交叉融合尚存在政策、评价等薄弱环节。又如，软物质力学具有力学建模、分析、计算和实验四位一体的特点，其中实验研究耗时长、耗资多，获得长期稳定支持的难度大。再如，软物质力学尚缺少综合性科技创新平台来提供保障。

十、力化学耦合

人类对临近空间和外太空、海洋和地球深处的探索不断促进固体力学的发展，各种极端或复杂环境下材料和结构的力学行为和安全性评估，特别是失效发生和演化的内在机制，蕴含很多与传统领域不同的新问题，力学和化学交互与耦合是其最突出的特点，并伴随新物质产生、复杂环境、非平衡、多场多过程耦合等特征。这对固体力学的发展提出了新挑战，对固体力学实验和分析手段提出了新要求，推动了力化学耦合的发展。力化学耦合的复杂性以及基础理论研究的薄弱，决定了长期以来的基于经验与半经验的设计方法已不能满足国家重大工程和前沿基础研究高速发展的迫切需求。欧盟第六框架计划（The Six Framework Programme for Research，FP6）把材料/极端环境相互作用－力化学耦合效应作为主要研究任务。国家自然科学基金委员会资助了力化学耦合系列高端研讨会，推动该学科发展。

我国学者在力化学耦合研究领域开展了大量研究，取得如下进展：不同材料体系的力化学耦合本构理论，基于力化学耦合理论的数值模拟研究，基于微尺度模拟手段的力化学耦合变形行为和缺陷演化，极端环境下高温材料力化学耦合失效行为，电极材料力化学耦合失效机理，力化学耦合条件下的高温表面氧化等。

我国力化学耦合研究虽有良好开端，但属于新兴交叉研究领域，发展历史较短，学术队伍规模、国际影响力等尚需加强。需要针对非平衡态力化学耦合的特点，发展考虑微结构与物质演化的多尺度、多过程、多场多向耦合本构关系；针对力化学耦合作用下所具有的大变形、非线性、率相关等响应特点，发展多场多过程耦合变形理论等。

第四节　发展思路与发展方向

本节按照固体力学的各分支学科/研究领域，依次介绍其未来发展思路和主要发展方向。

一、固体变形与本构

固体变形与本构研究的发展思路是：在理论方面，面向世界科技前沿，不断拓展新的学科内涵，完善基础理论体系，关注高性能先进材料和极端使役环境中固体变形与本构的新现象、新问题、新特点、新机理，拓展固体变形与本构的理论框架、实验与计算方法和手段；在应用方面，瞄准面向国家重大需求和经济建设主战场的工程关键技术难题，积极开展工程应用研究。主要发展方向如下：①极端环境、多场耦合作用下的特殊材料和新材料变形特性；②极端环境、多场耦合作用下的特殊材料和新材料变形与本构理论及其应用；③先进材料（生物材料、仿生材料、低维材料、超材料、软物质、新型功能材料、高性能新材料等）的变形与本构；④固体变形的多尺度与跨尺度分析方法，自下而上 / 自上而下的固体变形分析方法 / 材料微结构设计与性能裁剪；⑤超大变形 / 强非线性 / 远离平衡态的固体变形与本构；⑥材料变形与本构非确定分析的概念与方法；⑦结构 - 功能一体化的新型高性能复合 / 复相 / 功能材料的变形与本构、微结构与性能设计。

二、固体的强度与断裂

固体的强度与断裂研究的发展思路是：根据不断涌现的新材料、不断变化的新环境和新条件，针对多尺度、多场耦合、微结构与宏观性能的关联以及强烈非线性、非平衡和局部失稳等带来的挑战，进一步发展和完善固体强度与断裂理论体系；积极面向重大工程需求，大力推进结构层面的强度和断裂理论应用和分析方法研究，解决具体的工程问题。在理论方面，结合新材料、新环境和新条件，大力开展固体材料与结构的多尺度、多场耦合强度与断裂理论研究，引领学术研究前沿；在工程应用方面，面向国家重大需求，积极为相关工程结构的强度预测和断裂分析提供理论基础和研究手段。主要发展方向如下：①先进材料的强韧化机理与微结构调控；②极端环境下材料的强度理论和断裂机理；③基于物理本质的材料失效与断裂过程数值模拟技术与方法；④不同尺度下固体的变形规律和断裂判据；⑤多场耦合条件下材料多维度缺陷演化的多尺度实验方法与技术；⑥多场耦合条件下材料的强度与断裂理论；⑦重大工程结构完整性评价理论、方法与寿命预测；⑧基于大数据的结构疲劳与可靠性分析；⑨结构的动态响应、动强度及动态断裂分析；⑩结构强度与断裂行为的多层级、多层次分析方法。

三、多尺度 / 跨尺度力学

多尺度 / 跨尺度力学的发展思路是：更加注重多场、多过程、强非线性、非平衡、非均匀、多物态等超常复杂问题的研究，在基础前沿领域独辟蹊径，提出原创性的新概念，发展新理论；面向国家重大需求和人民生命健康，与材料、机械、能源、仿生、生物、医学等学科交叉融合，解决工程中存在的技术瓶颈问题。主要发展方向如下：①具有普适性的微纳米力学基本理论体系；②多场耦合环境下固体广义连续介质跨尺度力学理论；③时空多尺度、多场耦合问题的高性能计算方法及框架构建；④基于大数据驱动的多尺度力学理论和建模方法；⑤高通量多尺度实验方法与测量技术；⑥表界面多尺度力学理论及调控方法；⑦表界面稳定性的多尺度力学研究与设计；⑧多物质强瞬态 / 强非线性多尺度建模。

四、波动与振动力学

波动与振动力学的发展思路是：不断扩展学科内涵，进一步完善和扩充动态力学基础理论体系；瞄准国家重大工程关键技术难题，持续开展波动与振动力学工程应用研究，形成拥有自主知识产权的核心技术。在理论方面，关注材料、结构中新的波动现象及其调控机理，以及考虑几何非线性和材料非线性等因素的复杂系统的建模及降阶技术。在应用方面，面向宽低频波动/振动探测、抑制、隐身，结构健康监测、无损检测，以及地震波传播机理与防护等工程领域系统，持续开展新材料和新结构设计、力学测量原理和技术、器件和仪器开发等研究。主要发展方向如下：①复杂介质时空非局部连续介质动力学理论体系；②时空非均质介质波动问题的多尺度研究；③多相、多尺度材料/结构/系统中的能量传输及耗散机制；④微尺度电磁器件高频振动、非线性振动分析方法；⑤多物理场耦合智能材料的动态本构关系与参数表征方法；⑥超材料微结构设计机理、拓扑优化方法及应用探索；⑦经典弹性波类量子行为材料设计与应用；⑧波动与振动力学在重大工程装备中的理论和应用研究；⑨流体渗流效应对地震波传播以及动态裂纹扩展的影响机理。

五、智能材料与结构力学

智能材料与结构力学的发展思路是：深入研究智能材料的多场耦合机制和静动态响应特性，从材料结构－功能一体化设计的角度出发，设计并实现集多种优异智能特性于一体的新型智能材料；充分利用智能材料与人工智能技术的天然契合优势，开展引领智能材料与结构力学领域发展的重大突破性研究，研发智能化器件，掌握具有自主知识产权的关键核心技术，抢占高端器件市场，为我国跻身智能材料与结构强国行列做出重要贡献。主要发展方向如下：①智能材料与结构的多物理场性能表征与机理研究；②智能材料与结构在多场耦合条件下的静动态响应分析；③主动大变形智能材料与结构的损伤失效力学行为研究；④基于智能材料的弹性波 / 声波调控以及声波与弹性波超材料结构的设计；⑤变形 / 承载一体化智能材料与结构优化与应用研究；⑥智能柔性结构和器件设计；⑦智能材料与结构的宏 - 微 - 纳尺度的多尺度和跨尺度研究；⑧具有自愈合功能的材料设计及其结构应用；⑨具有自监测功能的高灵敏度传感器设计与分析；⑩具有自适应功能的大推力激励器设计与分析；⑪结合大数据、机器学习等人工智能方法的智能材料与结构相关分析理论与设计研究；⑫类生命过程智能特征的机理研究。

六、复合材料与结构力学

复合材料与结构力学的发展思路是：充分发挥与工程紧密结合和是工程迫切需求的学科特色，从重大工程中继续提炼关键科学问题，考虑更为真实的对象和服役条件，发挥力学基础与工程桥梁的工程科学优势，在提供解决方案的同时，不断完善理论体系；充分发挥多学科交叉的特点，与材料、制造、信息、生物等相关学科新进展和新方向深度融合，并不断强化力学学科在复合材料与结构领域的主导作用；解放思想，打破传统时空尺度的束缚，在全寿命周期和层级化架构上提出原创性、引领性方向。主要发展方向如下：①复合材料与结构力学精准性建模与预报方法；

②高效多尺度、多物理场耦合分析与优化方法；③低扰动材料性能与结构响应测试、表征方法；④多功能与智能化复合材料及结构力学；⑤变革性复合材料与结构设计理论及方法；⑥复合材料与结构在自动化、增材制造、微纳制造中的关键力学问题。

七、计算固体力学

计算固体力学的发展思路是：面向新型装备、结构、材料研究中不断涌现的新问题和新挑战，发展计算固体力学与结构优化的基础理论和高效算法；凝聚精锐力量，潜心开展自主可控计算固体力学与优化设计软件研发，为解决我国核心工业软件"卡脖子"问题做出实质性贡献。主要发展方向如下：①极端环境下强非线性问题的高效数值算法；②与物理实验相结合的数值模拟；③考虑不确定性的结构分析与优化；④刚柔耦合多体系统的结构分析与优化设计；⑤面向先进制造的力学分析与优化设计；⑥力学机理和实验数据联合驱动的力学分析与优化设计；⑦大型计算固体力学、结构与多学科优化软件研制。

八、实验固体力学

实验固体力学的发展思路是：面向学科发展的前沿，解决对应先进工程科学发展需求更为全面准确的数据获取、适用于多场耦合与多系统实验测量仪器开发、特殊环境与极端条件下力学量检测技术实现、力学场可视化技术与实验数据识别等基础问题；在测试技术上与多学科交叉融合，如微纳尺度实验力学技术与装置自主研发与升级、超声与磁场等无损检测技术等。主要发展方向如下：①先进实验固体力学方法和技术的研究；②新型材料的跨尺度、多参数同时测量；③大型复杂结构力学参数综合测量技术；④实验数据的可视化技术、识别与反演分析方法；⑤学科交叉中的实验力学；⑥原创通用性实验力学科学仪器和软件研发。

九、软物质力学

软物质力学的发展思路是：开展以力学为主导的多学科交叉研究，除关注强度、韧性等力学性能外，还关注变形与物理、化学性能的耦合；从以材料力学性能研究为主向以材料力学性能和结构设计并重发展，更加重视新软体结构、新柔性器件设计与优化，重点研究软材料多场耦合力学、新型水凝胶与器件、软体机器人、柔性电子器件及系统。主要发展方向如下：①软材料多场耦合力学；②极端环境下软物质与柔性器件多物理场耦合力学；③新型水凝胶与器件的制备与性能表征；④软材料原位粘接、三维/四维打印原理与技术；⑤软体机器人驱动/传感/控制的仿生力学；⑥柔性电子器件高效转印集成方法及其多场耦合力学；⑦可穿戴柔性原型医疗系统设计及其性能优化。

十、力化学耦合

力化学耦合的发展思路是：从航天、航空、能源等领域中进一步凝练力化学耦合的共性关键科学问题，建立力化学耦合的理论框架，发展力化学耦合的实验和计算方法，并在研究中发现新现象，为解决各种极端或复杂环境下材料和结构的力学行为和安全性评估问题提供明确的理论和方法支撑。主要发展方向如下：

①非平衡态力化学耦合行为及连续介质力学框架；②力化学耦合多场多过程分析方法与手段；③高超声速飞行环境下的热－力－氧化耦合机理与优化防护机制；④非常规油气开采与页岩压裂的高效力化学过程与调控；⑤重大需求中的力化学耦合强度和破坏理论。

第四章

流体力学

本章首先阐述流体力学学科的科学意义与战略地位；其次介绍该学科主要分支学科/研究领域的发展规律与研究特点；再次分析各分支学科的发展现状与发展态势，尤其是目前我国在这些学科上的发展水平和存在的问题；最后介绍各分支学科的未来发展思路与发展方向。

第一节　科学意义与战略地位

流体力学是研究流体介质的特性、状态和在各种力的驱动下发生的流动以及质量、动量、能量输运规律的力学分支学科。流体介质广泛地存在于自然界和工程技术领域，与流体运动有关的现象随处可见：从宇宙中巨大的天体星云到包围地球的大气层，从地球表面无垠的海洋到地球内部炙热的岩浆，从动物血管中的血液到各种工业管道内的石油和天然气,凡是有流体存在的地方,都有流体力学的问题存在。由于流体物理性质、流动状态、受力环境的复杂性,流体力学问题呈现非定常、非平衡、多尺度、多场耦合、强非线性等基本特征。

流体力学既包含自然科学的基础理论,又涉及工程技术方面的应用。随着人类对自然界认识的不断深化和长期生产实践的不断积累,流体力学逐步发展起来。20世纪初,飞机的发明极大地促进了流体力学的发展,创立了一系列重要的概念、理论和方法,如机翼理论、边界层理论、湍流应力、风洞实验技术、数值计算方法等。随后,流体力学出现了许多分支学科,如高超声速空气动力学、水动力学、多相流体力学、计算流体力学、渗流力学等。此外,流体力学与其他学科交叉和融合,又形成了新的分支学科,如磁流体力学、环境流体力学、生物流体力学、物理化学流体力学等。流体力学极大地推动了近代科学技术和工程的进步与繁荣,尤其是在航空、航天、船舶、能源等工业领域;同时,与重大工程应用的紧密结合也促进了该学科自身的不断发展(美国国家理论与应用力学委员会,2006)。

中华人民共和国成立以来,流体力学为我国现代科学发展、经济建设和国防建设做出了重大贡献。以钱学森、周培源、郭永怀为代表的杰出力学家们分别在空气动力学、湍流理论、边界层理论等方面取得了享誉世界的重要成果,奠定了我国流体力学学科的基础。我国流体力学学科在"两弹一星"、核潜艇、核电站、大型发电机组、大型水利设施等国家重大工程中发挥了不可替代的作用。

近年来,我国学者在流体力学的理论、计算、实验、跨学科研究,以及其在重大工程中的应用等方面取得了一系列重要成果,部分成果达到世界先进水平。在学科前沿领域，奠定了坚实的学术基础和研究条件，形成了一支处于世界科技前沿、能协同进行多学科交叉研究的队伍。与此同时，积极投身于与国家重大需求相关的流体力学研究，解决航空、航天、船舶、能源、环境等领域的流体力学问题，为经济建设和国防建设做出了重要贡献。

第二节 发展规律与研究特点

流体力学具有悠久的发展历史，是与解决人类生活和技术发展难题联系最密切的学科之一。21 世纪以来，随着理论分析、计算技术和实验技术的发展，流体力学学科在复杂流体、复杂流动等方面取得若干重要进展。与此同时，该学科也面临若干新的挑战。流体力学学科的特点主要体现在以下四个方面。

（1）流体力学是一门既经典又现代的学科。在流体力学研究中，有一批经久不衰的重要研究课题，如湍流、流动稳定性、涡动力学等，始终激发着学者的研究兴趣。随着空气动力学、水动力学向高速、多相、非平衡等方向发展，新的问题不断涌现。微尺度流体力学、界面流体力学、复杂流体力学、环境流体力学、生物流体力学等新兴前沿与交叉领域的出现，使现代流体力学充满了活力。

（2）流体力学是既针对具体物质又需要抽象思维的科学。流体流动结构的变形从拓扑结构层次上来看可以是无限的。流体力学中最重要的气体流动是肉眼不可见的，需要采用间接方式来对其进行描述或测量。在高温、高速等特殊条件下，还需要认识流体的物质特性，进行流体科学的研究。

（3）流体力学既蕴含着重大基础科学问题，又与国家重大需求紧密相关。流体力学的研究和发展具有"双力驱动"的特征。例如，湍流几乎无处不在，而目前对湍流机理的认识还停留在经验与半经验的层次上，尤其是可压缩湍流的研究。又如，国家重大工程中遇到的关键问题为流体力学研究起到牵引作用，如航空、航天、惯性约束及磁约束聚变等所涉及的非定常和非线性流动过程、复杂流动现象和演化机理等。

（4）流体力学渗透力强、介入学科群广、对其他学科牵引作用大。流体力学与众多学科，如数学、天体物理、地球物理、核物理、大气物理、生物等基础学科，以及航空、航天、船舶、机械、车辆、材料、能源、化工、环境、仿生、计算技术、生物医学工程等应用学科，均具有密切关联。流体力学对数学学科的发展起到非常显著的推动作用，历史上许多著名数学家也是流体力学家。计算机科学的发展也受到了计算流体力学的直接推动。

一、湍流与流动稳定性

湍流是流体运动的重要形态，是流体力学的核心问题，也是自然科学的经典难题，对数学、力学、物理学等基础科学有着深刻影响。数学家关心描述湍流的纳维－斯托克斯方程（Navier-Stokes equation）解的存在性、唯一性；物理学家关心作为非平衡态典型案例的湍流；流体力学家则关心湍流的机理和预测湍流特性的方法。流动稳定性理论是为了研究从层流到湍流的转捩机理，所研究的主要问题是层流在什么条件下会变为湍流，层流如何变为湍流，以及如何控制和利用转变过程。湍流中有序性和随机性共存，具有高自由度与强非线性特点。随着雷诺数的增加，尺度分离增加，湍流研究也更加复杂和困难。湍流已经成为决定航空、航天、航海等工程成败的关键技术瓶颈之一，是国家迫切需要解决的重大应用基础课题。

湍流研究的发展规律和研究特点如下：一是持续关注湍流重要科学问题，包括层流流动的转捩机理、普适的湍流与转捩模型、湍流的预测及控制、湍流的拟序结构和动力学、湍流的统计理论以及湍流的数值模拟等；二是由于统计力学和计算机模拟方法的发展，湍流在统计理论和数值模拟等方面取得了显著的进展，特别是湍流的理论研究从经典的解析模型走向计算模型，从实验研究走向数值模拟和实验研究相结合，从而能够处理越来越复杂的工程问题；三是基于雷诺平均（Reynolds average Navier-Stokes，RANS）的模拟仍然是湍流模拟的主要方法，但湍流模型的普适性仍然存在很大的不确定性，因此近年来采用高精度直接数值模拟或大涡模拟（large eddy simulation，LES）（包括考虑物理约束、时空关联、基元结构等的亚格子模型）方法；四是发展时空高解析度全场实验技术，可测量三维速度场及多尺度湍流结构的时空演化过程；五是新的观点和方法，如机器学习和时空多尺度耦合方法不断涌现为湍流研究增添新的活力。

未来，湍流与流动稳定性研究的发展趋势是：以多尺度结构为主线和突破口开展相关的作用机理研究，这不仅对湍流的基础研究具有重要科学意义，也与高速运载装备和环境治理等国家重大需求直接相关；根据航空航天工程的发展需求，与飞行器有关的高超声速边界层的流动稳定性、转捩与湍流将是未来的研究重点和发展方向。

二、涡动力学

旋涡是流体运动的重要形式。涡动力学（含涡量动力学）主要研究旋涡与涡量的产生和演化、旋涡与物体相互作用、旋涡与其他流动结构相互作用、旋涡控制等。旋涡识别方法、旋涡稳定性、结构的涡致振动、旋涡发声、旋涡控制等一直是备受人们关注的涡动力学研究课题。

涡动力学的发展规律和研究特点如下：一是旋涡稳定性是涡动力学的核心问题之一，基于经典的正则模方法，在无黏稳定性理论、轴向旋涡流动的不稳定性、旋涡破裂、钝体尾迹的全局和绝对/对流不稳定性等方面取得了丰富的成果。二是结构涡致振动的研究主要集中于弹性支撑的涡致振动、多柱及阵列的涡致振动、自由表面对涡激振动的影响、外部激发及柱体旋转对涡激振动的控制等，相关的PIV实验测量和数值模拟也更加精细。三是噪声控制是流致噪声研究的重要领域，近年来基于伴随的控制方法得到应用，但其计算量巨大；结合声源模型的伴随控制虽然计算量相对较小，但强烈依赖于对声源机制的认识和声源模型的构建，小尺度旋涡宽频噪声的数值预测还存在大的困难。四是动边界是旋涡控制的重要方式，相关数值模拟依赖于准确的边界处理方法，流场涡结构与流动机理更加复杂，动边界处的涡动力学理论也需要拓展。五是动边界涡动力学的重要研究领域是昆虫飞行和鱼类游动的生物运动流体力学，相关仿生技术研究仍是涡动力学未来发展的一个重点研究方向。

未来，涡动力学的发展趋势是：面向复杂流动和工程应用，研究湍流场的旋涡识别与流动机理、复杂旋涡流动的稳定性和控制、动边界相关涡动力学、高速流动的涡动力学等，继续发展和改进旋涡流动的高精度数值模拟、PIV 等精细实验测量方法、旋涡流动的低维动力学分析方法等，进而将这些方法应用于复杂旋涡流动的机理研究。

三、空气动力学与高超声速空气动力学

空气动力学是研究空气和其他气体的运动规律以及运动物体与空气相互作用的科学，是流体力学的重要分支。它是航空航天工业的主要科学技术基础，对先进飞行器设计和发展有直接的支撑与推动作用。高超声速流动一般是指马赫数大于 5 的情形，对于该问题的研究源于对高超声速飞行技术的探索与发展。在高超声速条件下，绕过飞行器流动的气体物性参数表现出显著改变。高超声速空气动力学是现代空气动力学的前沿，高超声速条件下宏观流动规律的改变强烈影响了飞行器绕流的物理特征，也改变了飞行器设计的原则，对空气动力学的基础研究和应用研究均提出了新挑战，是主要工业国家竞相争夺的战略性研究高地。

空气动力学与高超声速空气动力学的发展规律和研究特点如下：一是超声速和高超声速边界层的分离、再附及其与激波的相互作用，热边界层控制及其稳定性研究，以及湍流边界层的流动控制等问题，均与新型飞行器研制紧密相关，受到学术界的持续关注；二是随着计算技术和计算流体力学的发展，数值模拟成为边界层、激波边界层干扰、热化学非平衡、高温流动和壁面作用等问题的重要研究手段；三是实验测量技术和手段快速发展，基于激光的非接触测量技术、高速流场高分辨显示技术、温敏漆 / 压敏漆等表面涂层测量技术在流动测量中获得广泛应用，并具备了开展高焓条件下气动力 / 热特性、热辐射、热结构耦合等问题的测

量能力。

未来，空气动力学与高超声速空气动力学的发展趋势是：面向航空航天重大工程，通过空气动力学高超声速空气动力学的相关研究直接支撑新型飞行器的研制；在边界层物理、激波主导流动、超声速燃烧、非平衡流动、热环境和材料相互作用等方面坚持长期和持续的研究。

四、稀薄气体动力学

稀薄气体动力学是空气动力学的一个重要分支，是原子与分子物理、统计力学、分子动理论和宏观气体动力学的交叉学科。为了认识航天飞行器在高空的气动力、气动热和微机电系统中气体的流动规律等，需要研究和发展稀薄气体动力学。如何利用稀薄气体理论指导微系统的设计，是目前的研究热点之一。气体稀薄程度通常用克努森数（记为 Kn）来表征，即气体分子平均自由程与飞行器特征长度之比，其中过渡流区（$0.1<Kn<10$）是稀薄气体动力学研究的核心和难点。近年来，该学科在基础理论研究和工程应用方面均取得了明显进展。

稀薄气体动力学的发展规律和研究特点如下：一是航天飞行器的运动涉及从自由分子流到连续性介质的整个流域的求解，并且涵盖热、化学、辐射非平衡效应的计算，催化效应，辐射效应和壁面效应等，目前已开展深入研究；二是以直接模拟蒙特卡罗（direct simulation Monte Carlo，DSMC）方法为代表的分子模拟研究不仅成功解决了航天飞行器面临的高速稀薄气流问题，而且被拓展到其他领域，例如流动稳定性以及颗粒流等；三是基于玻尔兹曼方程（Boltzmann equation）的气体动理学格式［gas-kinetic

scheme，GKS，亦 称 BGK（Bhatnagar-Gross-Krook）格 式〕也
得到了长足的发展，尤其是高阶精度 GKS 和统一 GKS 格式的构
建，不仅为发展高阶精度黏液求解器提供了一条新的途径，而且
建立了适合整个克努森数范围的多尺度统一 BGK 格式；四是在与
MEMS 相关的微尺度流动中，气体进入滑流区域或过渡流区，呈
现显著的稀薄气体效应，此时 DSMC 方法和 BGK 格式都有成功
应用范例，已被广泛应用于该尺度的微流动模拟。

　　未来，稀薄气体动力学的发展趋势是：在 DSMC 方法和 BGK
格式基础上，进一步研究高精度格式的拓展和完善，解决航天、
真空、MEMS 等领域中的实际问题；围绕复杂构型航天器问题，
开展重大应用研究。

五、水动力学

　　水动力学是流体力学的一个重要学科分支，主要研究水介质
的运动规律、作用于物体上的水动力载荷以及各种复杂不可压缩
流动条件下动量、物质和能量的输运规律等。水动力学已成为船
舶工程、近海工程、深海工程、水资源与环境等工程科学的主要
学科基础，形成了以水波、含相变过程的空化湍流、强非线性自
由流动等为特色的高速水动力学和水波动力学学科方向。

　　水动力学的发展规律和研究特点如下：一是在高速水动力学
方向，空化流动研究发生若干转变，包括从传统的基于势流理论
的空泡模型研究转向考虑相变效应的空化湍流模型研究，从描述
空化流动宏观形态转向通过实验和数值模拟掌握空化流动的气 -
汽 - 液多相流动规律发展，从认识自然空化流动的流体动力效应
和声学效应转向方兴未艾的通气超空泡技术创新；二是从自然空

泡流和通气空泡流及其稳定性、航行体高速出入水过程的流固耦合与降载增稳、瞬态空化湍流数值模拟、空化流动的非稳定性特性等方面的基础研究走向实际应用，为解决大型火箭水下发射、超空泡高速水下航行体、大型水面舰船新型推进器等关键技术提供了不可或缺的科学支持；三是在水波动力学方面，针对海岸与深远海资源与空间开发利用的迫切需求，聚焦于强非线性表面波、内波、畸形波、海啸、风暴潮、滑坡涌浪等非线性波动的生成、传播与演化规律及其模拟方法研究，在极端台风浪、大幅内波及其对工程结构的载荷、波浪砰击载荷、甲板上浪、波浪越堤等研究中取得重要进展。

未来，水动力学的发展趋势是：面向航海、航天、海岸空间利用等战略需求，进一步深化与完善高速水动力学与非线性水波动力学的基础理论，发展瞬态空化流动及其流体动力和噪声，强非线性自由表面流动和波动的建模、分析和精细测试方法，解决先进海洋装备研发、可再生能源开发利用、海洋空间可持续开发利用中的关键技术问题。

六、多相流、渗流与非牛顿流体

多相流、渗流与非牛顿流体是与工程应用密切相关的流体力学分支内容。多相流研究关注两种或两种以上相同或不同物质的固体、液体和气体系统的流动，分析受连续相流场制约的离散相动力学特性、离散相对连续相的影响、离散相之间的相互作用。渗流研究关注流体在多孔介质内的运动规律，分析多相多组分渗流中相间和组分间相互作用机理、物理化学渗流中物理过程和化学反应复合条件下的渗流运动、非线性渗流中的非达西渗流等问题。非牛顿流体研究关注非牛顿流体的应力－应变关系及其流动，研究重点是建立各种复杂流体的本构关系。多相流、渗流与非牛顿流体研究的难点是复杂环境和流动条件下的流动机理和多尺度建模。

多相流、渗流与非牛顿流体的发展规律和研究特点如下：一是随着研究方法和手段的发展，对一些复杂环境和流动条件下多相流场的研究逐渐增多，如多尺度和多场作用下的流动、微重力下的气－液两相流、分层稠密多相流、纳米颗粒多相流、非圆球形颗粒多相流、非牛顿流体多相流、激波诱导多相流、颗粒能量和传递机制导致的振动分离和斜坡崩塌等，并深化了对它们的认知；二是对多相流的基础研究侧重于多相流物理建模、多相湍流场及稳定性、相界面动力学、数值模拟和测量方法、多相流场的非牛顿效应等，而在应用研究中则侧重多相流过程的理论预测精度、多相流模拟软件的改进和完善、与多相形成与分离相关的环保问题等；三是渗流力学的基础研究侧重于裂缝型介质渗流、饱和与非饱和渗流、定常与非定常渗流、多组分渗流、物理化学渗流、非线性渗流和微观渗流等，而应用研究则侧重于能源开发利用和相关环境问题的治理，例如石油的科学开采、水渗流引起的山体滑坡、过度开发地下水引起的地面沉降、岩浆运动和地幔对流等；四是非牛顿流体力学的基础理论侧重于探讨不同种类非牛顿流体的本构关系，而应用研究则关注非牛顿流体管流的输运特性、河流中泥沙的输运与沉积、非牛顿流体的自然对流和热传导特性等问题。

未来，多相流、渗流与非牛顿流体研究的发展趋势是：面向能源、化工、环境、灾害等领域中的复杂介质流动问题，发展新的建模、实验和计算方法，进一步完善现有的理论体系。

七、计算流体力学

计算流体力学（computational fluid dynamics，CFD）是随着计算机发展而产生和蓬勃兴起的介于流体力学、计算数学、计算技术之间的交叉学科。该学科以计算机为工具，应用各种离散化的数学方法，对流体力学的各类问题进行数值模拟和分析。近年来，计算流体力学的计算精度和计算效率取得长足进步，其应用已经深入到基础研究和工业生产的各个方面，如飞行器气动特性预示、数值天气预报、飞行器气动设计、风力发电涡轮叶片的优化设计、血液循环流动的状态分析等。

计算流体力学的发展规律和研究特点如下：一是高性能计算技术不断发展，使得多处理器并行计算成为大规模流场计算的有效方法，有力促进了 RANS 方法在航空航天工业中的使用，使得计算流体力学成为气动设计的主要工具，而风洞实验逐渐成为验证和确认的手段；二是以高阶加权本质不振荡（weighted essentially non-oscillatory，WENO）格式和高阶间断伽辽金（discontinuous Galerkin，DG）格式为代表的高分辨率格式不断发展，用于模拟各种多尺度复杂流动，色散和耗散误差较小，促进了湍流数值模拟研究的进展；三是网格生成技术不断发展，包括针对多体绕流非定常复杂流场发展的多块网格及结构和非结构网格技术，动边界和变形边界附近网格的生成技术，边界层、激波和涡量集中区域的自适应网格技术等；四是针对湍流燃烧、电磁流体运动、高超声速流动中真实气体效应等问题的多物理场耦合环境数值算法得到发展；五是提出了能模拟多尺度时空发展规律的算法。

未来，计算流体力学的发展趋势是：继续面向航天、航空、航海等领域的需求，拓展 LES 模型在实际湍流模拟中的应用，提高模型的预测精度，利用机器学习和数据挖掘进一步发展面向具体应用的湍流模型。

八、实验流体力学

实验流体力学是发现流体力学现象的重要手段，也是检验流体力学理论、计算方法的标准和判据。实验测量从流场显示到定量测量，从单点和平面速度测量到三维体空间内速度场和速度梯度张量的获得，从简单的基本流动到复杂的非定常三维流动，在此发展过程中各种先进的技术和方法逐步引入，促进了实验流体力学的发展。我国实验流体力学的主要研究特色是以基础研究为核心，以工程应用为牵引，注重实验测量技术的发展。近年来，随着 PIV 技术的成熟，采用实验方法开展流体力学相关研究方向的团队越来越多。

实验流体力学的发展规律和研究特点如下：一是建设世界级风洞群，发展新的流场测试和数据分析手段，包括发明了仿复眼的单相机三维流场测试技术、适用于高超声速静风洞的纳米粒子流动显示技术；二是发展面向燃烧、风沙测量的新技术，包括提出基于多方向光学 CT 测试技术的三维燃烧场密度、温度以及组分和火焰面的瞬态测量，建立了风沙运动速度、温度、沙尘浓度等多物理量的大型野外观测站；三是发展数据同化和融合方法，将实验测量结果、模型和数值计算结合起来，充分利用各种方法的优势，揭示流场和压力场规律；四是解决工程应用中的问题，在新一代战斗机和大型运输机的研制方面，提出了新的流动控制技术、先进气动布局等。

未来，实验流体力学的发展趋势是：将定性观测和定量测量结合，发展基于分子测速技术、综合运用多种测试技术、海量实验数据的数据挖掘方法；发展针对三维问题的 PIV 技术，提供低速流动的全流场信息，并通过提升时间和空间分辨率，朝着湍流测量的方向努力；发展针对高超声速流场的测量技术实现全场的测量，并不断向速度范围的高速端扩展；重视实验技术在交叉学科和前沿学科中的应用。

九、微重力流体力学

微重力科学是应航天技术发展需求而诞生、伴随着航天技术进步而发展起来的交叉性基础学科。其研究内容涵盖微重力流体力学、微重力燃烧科学、空间材料科学、空间物理、空间生物等，主要利用空间和地基微小重力环境，研究力学、物理、化学和生物学等领域内自然现象的基本过程与规律。微重力流体力学在强调基础研究的同时，也重视技术开发，不仅直接推动航天技术的发展，还通过转化空间研究结果以及空间研究过程中发展的关键技术，促进地面高新科技的发展，改进地面环境中的工业实践活动。我国微重力流体力学学科拥有世界第三高度的国家微重力实验室百米落塔，并通过载人航天工程开展了若干空间实验。

微重力流体力学的发展规律和研究特点如下：一是在微重力条件下研究新的力学体系，包括地面环境下次级效应在内的新的流体物理机制，尤其是和自由界面流动相关的现象，例如由表面张力梯度驱动而不是浮力驱动的热对流现象、液滴或者气泡因温度场非均匀产生的马兰戈尼迁移等；二是开展微重力环境中的气液两相掺混、相变和失稳过程，以及包括空间电泳过程、磁流体抑制对流过程等其他微重力流体力学的研究；三是利用微重力环境研究一些重大的物理化学问题，如微重力环境下的燃烧可减小或者消除自然对流，便于开展集中于主要过程的研究；四是利用微重力环境减弱重力引起的沉淀，验证分子动力学理论模型下的悬浮粒子的聚集和扩散过程；五是利用微重力条件分析重力场对晶体生长等材料科学研究的影响，在空间生长高品质的材料，改进地面材料制备系统。

未来，微重力流体力学的发展趋势是：继续聚焦航天科技创新发展战略需求，开拓空间材料科学、空间生物技术和空间生命科学的新天地，研究地面上被重力掩盖的一些次级现象影响机制，深入认识微重力环境下流体的平衡、运动和稳定性规律。

十、微纳米流体力学

微纳米流体力学（microfluidics/nanofluidics）是研究微米、亚微米乃至纳米尺度下流体运动及物质输运规律的流体力学分支学科。随着微流控芯片和 MEMS/NEMS 的发展，微纳米流体力学已成为流体力学学科的重要前沿领域。从流体力学的角度看，这些器件可使人们获得前所未有的操控微量流体以及流体中微纳物质输运的能力，而微纳流动呈现出不同于宏观尺度的流动特征及规律。因此，深入探索与之相关的流动机理是实现微纳流动及输运控制的前提和基础。

微纳米流体力学的发展规律和研究特点如下：一是与传统的流体力学研究对象相比，微流控芯片具有低成本、低能耗、易自动化、快速灵活、高便携性等优势，具有广阔的应用前景，其研究的潜在价值高；二是微纳米流体力学的最显著特征是所涉及的流体和物质为微量，能够利用尺度缩小来获得更好的流体控制性能；三是在微纳通道中，表面/体积比的增加使得作用在流体上的表面力与体积力的相对重要性发生了巨大变化，宏观尺度下原本被忽略的因素逐渐凸显出来，与表面密切相关的传热、传质、表面物性的作用大大增强，通道的几何形状、长度尺度、所用材料等将导致一系列独特的流动现象，需要提出新的理论、模拟算法和实验技术，才能更好地进行深入研究。

　　未来，微纳米流体力学的发展趋势是：继续深化微纳尺度流动特性和机理研究，突破微流控芯片研发的核心技术，为微流控技术在化学、生物、医学、材料、新能源及环境等领域的应用提供科技支撑。

第三节　发展现状与发展态势

　　当代科技、经济发展的需求以及数学、计算、实验技术的发展，促进了流体力学学科的蓬勃发展。流体力学的新概念、新理论、新方法、新技术不断涌现，流体力学理论体系得到进一步深化和拓展。以下简要介绍该学科的发展现状和发展态势。

一、湍流与流动稳定性

　　湍流是世界公认的科学难题，其研究历程已跨几个世纪。21世纪以来，湍流研究在理论、计算和实验等方面均取得重要的进展。在雷诺数充分大时湍流的普适特性研究方面，在湍流热对流实验中发现了湍流终极态的标度律，在标量湍流里发现了极端事件从而确认了反常标度指数的饱和特性，这些结果确认并揭示了雷诺数充分大时湍流的普适特性。在湍流的动力系统理论方面，揭示了近壁湍流的幅值调制机制，建立了相干结构的自维持动力学模型，为相干结构的生成演化奠定了新的理论基础。在直接数值模拟方面，RANS 方法已成为湍流研究的重要工具；LES 既被用于理论研究，也被用于工程研究，开展了以 LES 为核心的航空发动机全机数值模拟，并将其逐步应用于多物理过程的复杂几何边界湍流；此外，LES 和 RANS 混合法或类似的脱体涡模拟（detached eddy simulation，DES）方法已迅速发展并被应用于航空航天领域。在可压缩湍流研究方面，针对复杂几何边界，发展了间断伽辽金方法，提高了模拟结果的精度和可靠性。在湍流的时空特性测量方面，发展了三维粒子跟踪技术，测量了拉格朗日流体微团的轨迹，得到了高雷诺数湍流中颗粒的拉格朗日统计特性；发展了三维层析 PIV 技术，得到了三维流场的时间解析的演化特性，验证了壁湍流相干结构的调制和自维持动力学机制。

近期，湍流研究的一个新生长点是机器学习。该研究通过神经网络等方法改进雷诺应力模型和湍流输运方程，提高了 RANS 方法对湍流分离的预测能力，并提供了大数据学习和建立物理模型的手段（Duraisamy et al.，2019）。湍流研究的另一个新生长点是时空多尺度耦合。该研究采用时空关联研究湍流的时空演化统计规律，并发展湍流的时空能谱模型，揭示了湍流的统计色散关系并被应用于湍流噪声和风能的研究。

近年来，我国在湍流方面的研究发展很快，正取得越来越大的国际学术影响。在湍流的基础研究方面，提出和发展了约束 LES 方法，时空关联模型，结构系综动力学、壁湍流反向控制原理和拉格朗日涡面追踪方法等。在数值风洞建设方面，发展了基于高精度格式的数值软件，具有独立的知识产权。在湍流的实验技术方面，发明仿复眼成像的单相机三维流场测速技术、纳米 PIV 技术；在风沙场测量中，发现了湍流边界层的大尺度结构。在湍流的工程应用方面，研究面向航空航天领域的转捩机理和预测方法、高超声速边界层转捩间歇因子输运方程、高超声速转捩的飞行模型和升力体标模，有力地支撑了航空航天工业的发展。

我国湍流与流动稳定性研究虽已取得丰硕成果，但与世界一流水平相比尚有差距。例如，需要继续加强湍流与流动稳定性的理论基础研究。又如，需进一步加强对高速流动湍流和转捩的研究，努力解决国家重大工程需求中的关键技术问题。

二、涡动力学

21 世纪以来，涡动力学的发展态势体现在以下几个方面。首先，虽然涡量有严格的数学定义及相关理论，但旋涡并没有普适的数学定义，故对湍流中的复杂涡的结构识别与表征是重要问题。在湍流中的复杂涡结构识别与表征中采用适当的归一化方法，可减少阈值的任意性，但所识别出的旋涡结构的物理意义尚待进一步研究。识别旋涡的另一类方法基于拉格朗日追踪，例如涡面场方法，所识别的旋涡更利于用成熟的涡动力学理论去理解。其次，旋涡稳定性的研究关注涡对、多涡以及复杂旋涡流动的不稳定性，考虑壁面效应、曲率效应、浮力效应等复杂因素的影响。近年来，全局不稳定性、非模态瞬态动力学、非线性动力学、低维模型分析、直接数值模拟、PIV 等理论、计算和实验方法的进展，极大地丰富了旋涡流动稳定性的研究手段。再次，旋涡控制是涡动力学研究的工程目标，控制方式包括射流、涡旋发生器、零质量射流等。采用敏感性分析、优化控制理论，可大幅度提高控制效率，但通常计算量较大；而建立低维模型，再结合优化控制理论进行流动控制，成为近期发展趋势。最后，旋涡发声是气体和水动力噪声的主要来源，虽然声比拟理论在旋涡发声研究中取得了很大成功，但尚没有普遍适用的声源模型，也未考虑声场对流场的作用，这方面的研究尚待加强。

我国学者在涡动力学研究中取得了丰硕成果。在理论方面，基于涡量矩理论建立了涡量场与流体力的关系，并进一步将其发展为复杂流场诊断、流动控制及气动优化的设计方法，基于边界涡量通量的流场诊断与优化已在轴流压气机等工业中得到了应用。在旋涡的定义与识别方面，研究层状涡及强拉伸的影响，并进一步发展了基于速度梯度张量分解的涡识别方法和基于涡面场的涡识别方法。在旋涡流动机理、旋涡稳定性与旋涡控制方面，开展了大量基础性研究，包括合成射流控制钝体尾迹的 PIV 实验，柔性壁表面行波抑制圆柱绕流卡门涡街的数值模拟，波状圆柱可压缩旋涡流动的大涡模拟、超声速流动球型头部反向射流减阻控制，等离子体激励、旋转头部扰动等方式控制细长体大攻角绕流不对称涡的实验，细长三角翼旋涡不稳定性的 PIV 实验及模态分析，细长翼绕流时均不对称涡形成的不稳定性机理，高速边界层流动中的高德勒涡二次不稳定性等。在旋涡噪声方面，采用数值方法研究了激波与旋涡、旋涡与旋涡相互作用等导致的噪声以及物体绕流旋涡脱落噪声等，揭示了三维旋转圆柱的噪声产生机制，采用圆柱反馈旋转振荡对尾迹噪声进行了有效抑制，采用大涡模拟方法及失稳波模型研究了旋转射流、热射流的大尺度涡结构噪声及湍流噪声。在包括柔性边界的动边界条件，以及生物运动与仿生的涡动力学等方面取得重要进展，例如旗帜和细丝在来流中的摆动、波动板及鱼类游动、昆虫飞行的涡动力学研究等。此外，在旋涡与界面相互作用、交叉和应用领域、旋涡流动的数值模拟和实验方法等方面也有若干研究进展。

我国涡动力学研究虽已取得丰硕成果，但仍存在若干短板。例如，对旋涡基础理论的研究不足，需要研究如何描述旋涡并形成旋涡的理论体系。又如，还需要进一步加强对高速流动中旋涡发声问题的研究，解决国家先进运载工具的绿色和隐身等需求问题。

三、空气动力学与高超声速空气动力学

21 世纪以来，航空工业发展呈现如下态势。在民用飞机方面，发展更具竞争力的超大型客机、更加快速的高效超声速运输机；在军用飞行器方面，在发展新一代战斗机的同时，加快研制可满足不同需求的无人机；在高超声速飞行器方面，主要发展天地往返运输系统、高超声速导弹和空间武器作战平台等。这些需求对空气动力学与高超声速空气动力学的研究提出了一系列需要解决的基础科学问题。

例如，新概念气动布局设计、大攻角非定常分离流动的准确预测、高效的流动控制技术、气动噪声控制等是亟待解决的关键空气动力学问题。又如，高超声速飞行需要解决吸气式推进技术、长时间非烧蚀热防护技术、可压缩湍流预测技术，这三项技术的学科基础都是高超声速空气动力学。再如，当高超声速飞行器再入并穿越大气层时，不仅存在气动力问题，还存在气动加热、气动物理等问题。此外，航天技术在应用空域和飞行速域方面将得到进一步拓展，航天飞行器将进入临近空间巡航飞行。在新的空域和速域飞行，要求飞行器设计采用新的气动原理。

近年来，我国学者围绕空天飞行器设计中的空气动力学基础问题，开展了较为深入的研究，通过将飞行器运动方程求解与计算流体力学技术相结合，建立了机动飞行中的非线性稳定性与控制分析手段，发展了耦合气动／运动／控制的非定常数值模拟技术。在边界层和剪切层转捩及湍流模拟研究方面取得重要进展，在高阶格式与高精度数值模拟方法研究、计算流体力学可信度分析以及复杂外形气动优化设计方法及其应用、新一代超临界翼型／机翼设计、非线性气动弹性问题研究等方面也取得重要进展，为各类先进航空飞行器的设计与研制提供了重要的支撑。

针对我国高超声速飞行器发展中遇到的若干关键难题，学者们在临近空间的流动模型与数值模拟方法研究、高升阻比飞行器气动布局原理、内外流一体化飞行器气动外形设计、飞行器动稳定性研究等相关方面开展研究，取得若干重要进展，为工程设计提供了坚实的技术支撑。针对可压缩湍流问题，开展了超声速混合层和高超声速边界层稳定性、转捩和湍流问题研究，取得可喜进展。

我国空气动力学与高超声速空气动力学研究虽已取得丰硕成果，但仍存在若干短板。例如，随着未来新型飞行器的发展，在新概念气动布局设计、大攻角非定常分离流动的准确预测、高效的流动控制技术、气动噪声控制、飞行器与流动的非线性耦合运动及控制等方面依然存在明显不足。又如，在高超声速空气动力学方面，对多物理耦合作用过程中流动规律的认识、力－热耦合作用下的复杂边界条件的建模、噪声－气动热耦合作用机理及其对转捩的影响等问题仍亟待研究。

四、稀薄气体动力学

为准确预示航天器在高空飞行的气动力/热问题、微机电系统中气体的流动规律，在原子和分子结构确立之后，如何从它们出发去理解和认识宏观微流动中的非平衡和非线性输运过程，是现代力学的核心问题之一，需要借助稀薄气体动力学的观点和方法来研究。随着临近空间、亚轨道飞行与深空探测的发展，稀薄气体动力学在航天领域的作用日益凸现，需要开展具有化学反应、等离子体效应、辐射影响、壁面效应等流动的实验和模拟计算研究。

随着计算技术的发展和普及，以 DSMC 方法为代表的分子模拟方法脱颖而出，成为稀薄气体研究领域最重要的进展，是目前唯一能模拟真实情况下三维高空稀薄气体流动的方法。在 DSMC 方法中，分子碰撞模型已从早期粗略的硬球模型，发展到如今能很好反映实际气体行为的概括化软球（generalized soft sphere，GSS）模型及其推广模型，体现了直接以气体分子为对象的统计模拟的优点。21 世纪以来，微机电系统中的低速稀薄气流特性引起研究者的广泛重视。在由芯片加工技术制成的只有约 1 微米宽的微槽道气流实验中，观测到的压力分布和质量流量显著偏离经典纳维－斯托克斯方程解，成为人们研究的公开问题。

稀薄气体动力学的发展态势是：鉴于 DSMC 方法在稀薄气体应用中的成功，有望将其推广应用于更广泛的领域。例如，在分子水平上了解和认识各种流动演化的机制。又如，许多复杂流动问题究其根本，在于不同时空尺度上的非平衡输运，而 DSMC 方法在过渡流区的成功应用表明分子模拟方法可能更加适合这类问题。

我国学者在稀薄气体动力学研究中取得若干重要进展。例如，用 DSMC 方法成功解决了 CZ-4B 火箭末子级剩余推进剂在轨排放问题，展现了其解决复杂外形多相三维稀薄气流问题的能力。又如，针对 DSMC 方法处理低速稀薄气流时遇到的统计涨落困难，提出了信息保存（information preservation，IP）方法，即利用分子运动输运大量分子的集体行为，综合了 DSMC 方法和连续介质方法的优点。

虽然我国稀薄气体动力学研究取得可喜进展，但研究的深度和广度还都不足。例如，需要注意过渡流区的求解，尤其是具有热化学非平衡效应和微尺度的流动、稀薄等离子体的实验和模拟等。

五、水动力学

为了适应先进海洋装备更快、更安静、更安全、更绿色的发展需求，对海洋动力环境要素及其与结构物的相互作用的研究不断取得新进展。例如，研究方法呈现出从势流方法到结构物附近气液多相黏性流动方法、从线性与弱非线性到强非线性分析方法、从单一的水动力学性能到多学科交叉融合的态势。又如，研究对象从单一液体介质流动深入到考虑相变效应的汽–气–液多相流动、破碎波掺气流动、内波和海洋与结构物及海床的相互作用等，从基于均质流模型到考虑空化泡介观尺度的多尺度多相流动模型，瞬态空化湍流数值模拟方法研究得到广泛关注，已成为高速水动力学领域的研究热点。

当前，水动力学研究的发展趋势是不断提高发现海洋动力环境中航行体与结构物附近复杂流动规律的能力，不断发展新理论与新方法。其前沿领域主要有：具有复杂边界与物理约束的空化流动模型；水下高速超空泡航行体的流体动力载荷及其控制方法；航行体出入水过程的砰击载荷与强非线性自由流动模型；基于流动控制的航行体水动力噪声预示与抑制方法；内波、海啸与破碎波等极端海洋动力环境的模拟等。

我国的水动力学研究起步于 20 世纪 50 年代，经历了长期的"跟跑"阶段。近年来，我国水动力学研究发展较快，完成"跟跑"到"并跑"的转变，在某些方面已进入"领跑"水平，尤其是在高速水动力学、水波动力学方面已逐步形成特色和优势。

在高速水动力学方面，深入研究空化与空泡流的精细结构预示、流体动力载荷控制等先进实验技术、空化湍流数值模型，取得了原创性成果，有力地推动了高速水动力学学科的整体发展。研究空化从初生到超空化的不同阶段空化流动机理，考虑水质影响的梢涡空化尺度效应修正方法、螺旋桨梢涡空化中涡唱现象产生机制及其理论分析模型、非定常来流下带空泡轴对称体的空泡演化与流体动力特性等。建立基于霍普金森杆原理的轴对称体发射与空泡流机理性实验装置，实现了轴对称体自然空泡流脱落与云空泡生成的大涡模拟。发展了适合强非线性自由表面流动的理论分析与数值计算方法，发展了适合非线性自由表面流动的光滑流体质点动力学方法，建立了多相耗散质点动力学模型，并将其应用于高速入水砰击流体动力载荷和入水空泡演化的数值模拟。针对复杂边界约束的水下爆炸气泡演化与破碎问题，开展了系统的数值模拟方法研究。此外，建立了世界一流的高速水动力学实验设施群，发展了基于具有自主技术和特色的非定常空化流场的测量与分析技术等。

在水波动力学方面，针对深海系泊平台在波浪作用下发生大幅低频漂移和高频振荡问题，率先建立了两次展开的时域分析方法和运动物体上二阶非线性波浪力计算的完整时频变换方法；在海洋结构物波浪力计算中，提出了中等尺度结构的概念，制定了小尺度、中等尺度、大尺度的界定准则；发展了描述极端海浪流场特性的强非线性理论分析方法和数值模型；发展了海洋超大型浮式结构物的水弹性和声弹性分析理论与预报方法；发展了考虑气候变化影响的台风极值参数的预测方法；建立了基于完全非线性高阶色散水波模型的海啸生成、传播和爬高的数学模型，获得了海啸波在极缓大陆架上传播与演化的特征；在内波生成、传播、演化及其与海洋结构物的相互作用方面开展了大量的研究工作，发展了内波生成、传播、演化的统一模型。此外，为适应面向国家重大需求，建成了世界一流的大型水波试验水池和大型空泡水洞，发布了高效的数值水池仿真试验系统。

我国水动力学研究虽已取得丰硕成果，但仍存在若干发展中的问题。例如，在瞬态空化湍流数值模拟方面缺乏具有自主知识产权、原创性的空化模型；急需依托已建立的大型水动力学实验设施开展基础性的科学实验，加强流水动力噪声、仿生减阻等水动力学前沿交叉研究；水动力学自主软件和专业测量仪器研发能力不足。此外，引领学科发展的优秀人才不多，导致引领性的基础研究成果相对较少。

六、多相流、渗流与非牛顿流体

随着计算与测量技术的发展以及理论研究的深入，多相流、渗流与非牛顿流体研究在复杂环境和流动条件下的流动机理和物理建模等方面取得重要进展。其研究呈现出以下发展态势：在理论研究方面，更多地从微观流动结构及动力学特征出发，基于相间耦合作用、离散相运动状态、多介质流动等的微观物理机制，建立多尺度宏观物理模型和理论；在研究手段方面，直接数值模拟（direct numerical simulation，DNS）正迅速成为一种常规的、重要的研究方法，不仅可以对区域较小的复杂流动系统实现有意义的物理量统计，还实现了对真实物理系统的突破性理解，从而带来了新的挑战并开启了更多可能性。

多相流、渗流与非牛顿流体研究在微观认识和宏观建模的"双力驱动"下不断发展。目前的研究热点包括：多相流的湍流封闭模式；多相湍流的流动控制；超声速气流与固相颗粒的相互作用机理；非牛顿流体的浸润、流动减阻和热对流；非牛顿流体的新型本构关系；多孔介质内部的物理化学过程及渗流机理等。

近年来，我国在多相流体力学研究中取得若干重要进展。在基础研究方面，建立的同伦分析方法被广泛应用于包括纳流体流动在内的非线性问题；提出的求解纳米颗粒数密度方程的泰勒级数展开矩方法，提高了计算精度和效率，被欧洲联盟的《纳米安全手册》（Handbook of Nanosafety）列为五种求解方法之一；建立的精度和稳定性更高的气泡动力学数值模拟方法可更细致地捕捉到环形气泡的演化特性；提出的精度、效率和稳定性俱佳的直接力/虚拟区域方法可揭示颗粒和流体相互作用的机理；发展的多相界面复杂流动的移动接触线模型和高性能界面数值方法可揭示接触线的运动机理。在应用研究方面，结合能源工程与环境开展了气液、油气水、燃烧、低温制冷、相变传热等多相流研究，结合过程工程开展了多相复杂系统的研究，结合化石燃料和可再生燃料燃烧开展了气固两相流研究，结合能源与环境开展了多相复杂反应系统及污染物生成、迁移、测量及控制的研究；在极端环境和超常条件下，开展了多相流研究，如微重力条件下气液两相流型、池沸腾传热及气液两相绝热流的研究，纳米颗粒多相流中颗粒的扩散、聚并与破碎研究，圆柱颗粒多相流和纤维悬浮流的流动和传热特性的研究，结合风沙治理进行的风沙动力学研究和复杂流体中多相流研究。

我国的渗流力学起步较晚，但近年来发展态势良好，在渗流力学众多研究方向上取得了重要研究进展。在物理模型构建方面，提出的移动接触线模型可准确刻画流体在壁面的滑移以及动态接触角，被广泛用于多孔介质微观流动模拟中；针对非常规油气资源的复杂多孔介质，建立了考虑微纳尺度流体运移机制、孔隙介质表面物理化学性质变化以及复杂多孔介质结构特征的孔隙网络模型；改进了只适用于描述达西流动的传统单一尺度孔隙网络模型，增加了孔隙网络模型的适用性；建立了能够更准确描述裂缝和溶洞对地层流体渗流影响的离散缝洞网络模型。在数值计算方面，提出的标量辅助变量法大幅度提高了梯度流的计算效率；改进的格子玻尔兹曼方法（lattice Boltzmann method，LBM）流动模拟方法，可实现多孔介质中特殊条件（高温、高压、高密度比）下的特殊流动机理（吸附、滑移）的流动模拟。

我国在非牛顿流体力学研究中取得若干重要进展。在理论与方法方面，建立了能描述某些复杂黏弹性流体的流动特性的分数元本构模型，提出了可优化黏弹性本构模型计算精度的贝叶斯数值算法；发展了渐近展开与长波估计相结合的剪切稀化薄膜流动分析方法，提出本征正交分解–降阶伽辽金法用于揭示黏弹性湍流流动机理。在应用研究方面，开展了如下研究：沿柔性管流动的黏弹性液体膜研究，针对生物科技和芯片技术的微通道黏弹性流体的电渗蠕动研究，结合化学过程工程和石油运输工程的表面活性剂溶液减阻特性研究，结合能源和食品工业的黏弹性流体热对流稳定性研究，结合航空航天的非牛顿流体射流破裂雾化机理研究，结合生物医学工程的血液流变特性研究。此外，纳米流体和带电黏弹性流体的传热传质研究也引起广泛的关注，包括纳米流体的热对流失稳、纳米颗粒的热迁移、电场和磁场作用下的纳米流体复杂流动研究等。

我国多相流、渗流与非牛顿流体力学研究虽已取得重要进展，但仍存在若干发展短板。例如，与工业发达国家相比，具有自主知识产权的计算软件还比较少，微观流动原位实验测试技术还需要进一步开发和完善。又如，在发展新的气固湍流两相模型和非牛顿流体的新型本构关系、考虑复杂物理和化学过程的渗流问题等基础研究方面，还需要进一步加强。

七、计算流体力学

随着计算数学、计算机技术的快速发展，计算流体力学成为流体力学中发展最为迅速的新兴分支学科。计算流体力学的发展态势是重视物理建模、预测的精细化。比如，高超声速飞行器设计需要准确的气动力/热数据；需要开展转捩、湍流、分离、化学反应流、辐射、热传导和本构模型等较以前更能反映基本物理现象的研究；介质与壁面发生的物理化学效应需要新的物理模型；数值模拟技术中包括流动模型、计算网格、湍流模型等许多方面需要精细化。随着计算机技术、并行算法、网格生成技术等的不断发展，计算流体力学将在计算复杂外形流场、模拟湍流、分离流等复杂流动现象等方面得到快速发展，工程实用的数值风洞将得以实现，快速气动设计将成为可能。这要求分析过程中所有步骤的自动化程度更高，包括几何外形的建立、网格生成和自适应、仿真结果大型数据库的创建、数值模拟结果的验证与确认、所产生的海量数据信息的提取和理解，并具有引导计算过程的能力。在高精度湍流计算方面，通过 DNS、DES 或 LES 结合开展简单构型的复杂流动机理研究，如气动噪声机理和大迎角失速机理等，取得显著进展。在计算流体力学软件方面，发达国家已研制了多种较为成熟的工业软件，并大量应用于工程设计。此外，基于云技术的人工智能计算流体力学（artificial intelligence-computational fluid dynamics，AI-CFD）是未来发展的重要方向之一。

我国的计算流体力学研究始于 20 世纪 80 年代，在计算方法研究方面取得了一些具有世界影响力的成果，如非振荡非自由参量耗散差分格式（non-oscillatory and non-free-parameter dissipation difference scheme，NND scheme）、有限基本解法等。近年来，我国学者的研究主要集中于高阶格式的构造，如间断有限元方法、间断有限元 / 有限体积混合方法、残差分布格式、线性 / 非线性紧致格式等。在计算网格生成方面，发展了混合网格、重叠网格、动网格、自适应网格、网格重构等多种网格处理技术，用以实现计算网格在复杂几何外形、非定常流动、物体运动或变形、多体运动等复杂流动问题中的应用。同时，以自主研发的"风雷"软件为代表的商用级国产数值模拟软件也进入推广应用阶段。

我国计算流体力学研究虽已取得重要进展，但仍存在若干发展短板。例如，基于 RANS 方程的湍流模型尽管已被应用于处理工程问题，但无法精确预测复杂分离流动和涡旋流动，处理工业层次的大规模数值模拟仍需依赖 LES 模型。又如，在计算流体力学软件研发方面，我国与工业发达国家相比仍有很大差距。再如，需要更加关注高精度计算方法的研究，如发展非定常多尺度多物理流体运动的高精度高分辨率计算方法，发展流－固耦合、振动与声的耦合、高速冲压下的结构力学和热力学耦合的数值模拟方法。

八、实验流体力学

21 世纪以来，流体力学的研究对象日益复杂，高超声速流动、多物理场耦合的非平衡流、湍流与颗粒相互作用、旋涡分离流控制、生物流动与微尺度流动等问题，给实验流体力学提出了新的挑战。

近年来，实验流体力学的研究方法和技术取得长足进步。基于 PIV 的二维/体视速度场测量技术已经成为实验室科学研究的基本手段。以压力敏感涂料（pressure sensitive paint，PSP）、温度敏感涂料（temperature sensitive paint，TSP）为代表的表面压力场/表面温度场非接触测量技术得到了系统性发展，新的快响应、高灵敏涂料不断出现，新的标定方法和数据修正技术不断发展，使得 PSP 和 TSP 的测量精度和灵敏度持续提高。激光分子示踪流动显示与测量技术正在不断发展，为实现流场中的物质组分、物质浓度、密度、速度、温度、压力等参数的多物理场联合测量提供了新思路。一批复杂流场数据分析方法得以发展，为刻画复杂流动的内在规律、揭示复杂的流动机理提供了有力工具。

近年来，我国实验流体力学研究紧密围绕国家重大需求和学科发展前沿，聚焦于重大实验设备、先进测试技术和数据挖掘方法：建成了高超声速风洞、低速低噪声风洞、大口径高强度汇聚激波管、高雷诺数增压风洞、风沙两相流野外观测站等重大测试平台，大幅提升了我国在高超声速转捩、气动噪声、湍流混合、风沙湍流等方面的实验研究能力；发明了单相机三维流场测速技术、高超声速转捩精细化显示和测量技术，发展了非接触表面测压/温技术、磁流体测量技术、噪声源定位技术等，提出了基于物理守恒约束的速度场修正方法、多分量多维变分模态分解方法、多物理量数据同化方法和降阶分析方法、人工智能减阻控制优化方法等，为提高实验测量精准度及认识复杂流动机理提供了新的工具和手段；完成了两级入轨空天飞行器风洞自由分离试验，实现了对高速出水空化流场的准确测量，发布了一批航空航天飞行器标模的高质量数据库，有力地支撑了我国武器装备型号研制和前沿技术发展。

我国实验流体力学研究虽已取得重要进展，但仍存在若干短板。例如，能够引领学科发展的优秀人才不多，导致引领性成果较少。又如，研究物理问题的人多，研究实验技术和分析方法的人少。再如，研究传统流体力学问题如湍流、转捩、旋涡分离流等的人多，从事新兴交叉学科研究的人少。

九、微重力流体力学

微重力流体力学是微重力科学的重要领域，是微重力应用和工程的基础。在人类空间探索过程中，许多难题的解决需要借助于流体物理的研究。因此，各航天强国均非常关注空间微重力条件下流体运动及其输运特性的研究。

微重力流体力学主要研究微重力环境中简单流体的对流和扩散、多相流和复杂流体运动。其研究方法具有基础性与应用性并重、理论与实验并重、空间实验与地面模拟并重的特色。微重力流体力学的前沿领域有：微重力环境中流体的晃动、流体的运动与固体结构的相互耦合；毛细系统中的临界现象和浸润现象；热毛细对流的转捩过程和振荡机理；液滴热毛细迁移和相互作用规律；气液两相掺混、相变和失稳；晶体材料生长以及流体管理；等等。

近年来，我国学者致力于微重力环境中的流体运动规律研究，揭示微重力环境中流体运动规律以及重力对相关流动的影响机制，在微重力流体力学基础研究上取得了重要进展。在神舟四号飞船上进行的液滴热毛细迁移空间微重力实验获得世界上最大液滴迁移马兰戈尼数。在第 22、23 颗返回式卫星上开展了气泡热毛细迁移、池沸腾以及扩散过程等多项空间微重力流体实验研究。成功发射了专门用于微重力科学和生命科学研究的实践十号科学卫星，开展了 6 项微重力流体实验，包括：在颗粒流体气液相分离实验中，首次观测到微重力下颗粒气体的分仓聚集——麦克斯韦妖现象，得到颗粒气体团簇相图，建立了由第一性原理出发的扩散方程与成核理论模型；首次开展环形液池模型大曲率面型空间实验，检验了体积效应的形成机理，拓展了体积效应理论的普适性；突破了颗粒组装和干燥图案形成中的若干关键科学问题，澄清了主导气液界面组装的关键动力学过程。利用载人航天科学实验空间实验室天宫二号，完成了 740 余个工况的液桥实验，系统、深入地开展了液桥转捩研究；利用货运飞船天舟一号，开展了空间两相系统关键技术验证；等等。在我国空间站中，有 2 个专门用于流体科学研究的实验柜（流体物理实验柜、两相系统实验柜），变重力实验柜、高微重力实验柜也随实验舱发射入轨，成为我国未来微重力流体力学研究的主要空间实验平台。

我国微重力流体力学研究虽已取得长足进步，但仍存在若干问题。例如，与航天强国相比，我国的研究起步较晚，仍缺乏对微重力基本规律的深入研究。又如，需要将流体物理和输运现象放在中心地位，加强对生物技术、燃烧、材料科学中的流体问题的研究。

十、微纳米流体力学

微纳米流体力学是一门实践性很强的应用学科，近年来受到了广泛关注。美国物理学会（American Physical Society，APS）每年主办的流体力学年会在生物、化学等应用领域的专题会议之外，还开设了占比 15% ～ 20% 的与微纳米流体力学相关的专题分会场。美国机械工程师协会（American Society of Mechanical Engineers，ASME）每年举办多个微纳米流动方面的系列会议；近两届的世界力学家大会同样增加了多个微纳米流体力学专题研讨会。

近年来，我国微纳米流体力学研究发展迅速，研究内容几乎涵盖所有前沿方向，并取得一批达到世界先进水平的研究成果。以流体力学为背景的研究主要包括：微纳尺度下的电控流动与物质输运；微纳通道壁面滑移速度测量；表面微纳结构流动减阻；微纳流动的多场多尺度耦合模拟理论以及微尺度通道中的多相流动（液滴、气泡运动等）。

我国微纳米流体力学研究虽已取得快速进步，但仍存在若干问题。微纳米流体力学面临的主要挑战来自其固有的交叉学科性质，因此需进一步加强流体力学、化学、生物学、材料学、机械工程、电子工程等学科的深度融合，发挥定量化与精确化的学科优势，突破微流控芯片及其应用领域的颠覆性技术，以获得跨学科同行的高度认可。

第四节　发展思路与发展方向

本节按照流体力学的各分支学科／研究领域，依次介绍其未来发展思路和主要发展方向。

一、湍流与流动稳定性

湍流与流动稳定性研究的发展思路是：面向航空航天等重大工程需求，加强与高超声速飞行相关的可压缩湍流、流动稳定性与转捩机理研究，发展高速飞行器气动特性的湍流计算方法和流动稳定性理论，准确预测高速飞行器的摩擦阻力和气动热环境。主要发展方向如下：①高超声速及复杂来流环境下边界层转捩机理研究；②新型普适性更强的湍流建模和转捩建模，包括化学反应的燃烧模型的构建；③可压缩湍流模式的试验验证及数值模拟研究；④高超声速飞行器构型相关的流动稳定性特性研究；⑤基于流动稳定性理论的转捩预测方法；⑥基于湍流机理的流动控制方法研究；⑦大涡模拟方法的研究，包括湍流模型构建、数值模拟和软件开发；⑧基于机器学习和多尺度力学的湍流物理建模研究。

二、涡动力学

涡动力学的发展思路是：研究关于边界涡量的生成和分离、动边界涡动力学的理论、旋涡的稳定性和涡破裂机理、基于涡动力学的旋涡诊断和控制技术及其应用等。主要发展方向如下：①湍流涡结构的产生与演化机制；②湍流涡结构在湍流噪声等过程中的作用机制；③复杂旋涡流动的稳定性、敏感性分析方法和诊断技术；④工程应用中的涡控制研究；⑤动边界涡动力学理论及应用研究；⑥高效、高精度动边界旋涡流动数值模拟方法和实验测量技术；⑦剪切、胀压与热力耦合的涡动力学基础理论研究。

三、空气动力学与高超声速空气动力学

空气动力学与高超声速空气动力学的发展思路是：探索飞行器与流动的非线性耦合运动规律及控制方法，发展高效的流动控制技术、气动噪声控制方法，探索临近空间高速流动的机理，建立耦合真实气体效应、稀薄气体效应和黏性干扰的流动模型，发展与先进气动布局相关的局部流态变化的模拟方法，为21世纪的空天运输和国家安全研究提供基础支撑。主要发展方向如下：①高空高马赫数低雷诺数黏性干扰效应产生机理及预测方法；②高速、高温、低密度耦合作用下的气体流动规律；③化学非平衡流动的高精度计算方法与高效流动控制方法；④高空流动局部转捩的机理及对飞行器气动特性的影响规律；⑤仿生微型智能飞行器低雷诺数空气动力学及流动控制；⑥新概念高升阻比气动布局设计；⑦大攻角非定常分离流动的准确预测。

四、稀薄气体动力学

稀薄气体动力学的发展思路是：注重理论体系的完善与深化，在对复杂构型航天器的气动力、热模拟方面与连续流动模型的计

算结果的连接匹配，为工程设计实际提供技术支撑。主要发展方向包括：①基于粒子模型的复杂流动建模理论与方法；② DSMC、IP 等方法的软件包和数据库；③面向临近空间高速飞行器等重要应用对象的 MEMS 设计、薄膜沉积等新技术；④基于分子模拟的过渡流区问题求解及其在流动稳定性、颗粒流等方面的应用；⑤高保真的计算模型和高效的超大规模隐式并行计算方法。

五、水动力学

水动力学的发展思路是：面向重大工程需求和学科发展前沿，重点关注空化与自由表面流动、海洋波动等领域的建模理论、计算方法和实验测量技术，加强与先进海洋装备研发、海洋工程等密切相关的复杂流动机理研究。主要发展方向如下：①泡群动力学与瞬态空化湍流模型；②航行体高速出入水过程的流固耦合力学理论和方法；③强非线性水波与破碎波及其对结构物的作用；④海洋内波的生成、传播及其对海洋结构物的作用；⑤极端水文气象、地震、滑坡以及水下爆炸激发的波动建模理论与方法；⑥空化流动与自由表面水动力学的通用建模与分析软件；⑦海岸空间利用与深远海资源开发的水动力学基础研究。

六、多相流、渗流与非牛顿流体

多相流、渗流与非牛顿流体力学的发展思路是：继续研究多相流的复杂相间作用，探索新的建模理论和计算方法，加强这些方法在能源、环境及航空航天等领域中的工程应用；完善和深化渗流理论体系，加强在渗流理论、渗流力学实验、数值计算等方面的挑战性问题研究，解决工程中的渗流问题；自主研发非牛顿流体微观测量方面的重要测试仪器，进一步加强非牛顿流体力学在能源领域的应用研究。主要发展方向如下：①连续流体相作用机制研究；②受连续相流场特性制约的离散相动力学特性研究；③多相湍流特性及复杂相间作用的湍流封闭模式研究；④超常颗粒的动力学建模；⑤考虑微观渗流机理的多尺度多物理场多相流体渗流建模；⑥宏观大尺度渗流模拟方法与自由流相互作用的理论分析方法；⑦纳米－微米－介观－宏观全尺度耦合的尺度升级研究；⑧微观孔喉内流动的实验测试技术研究；⑨非牛顿流体的流动稳定性研究，包括界面失稳、弹性湍流的物理机制以及泥石流和雪崩等重大自然灾害的触变性流体特征；⑩非牛顿流体新型本构关系模型的研究；⑪生理、病理以及临床治疗中的非牛顿流体力学问题研究；⑫纳米非牛顿流体、智能流体的流动和传热传质问题研究；⑬非牛顿流体的浸润、流动减阻和热对流的研究。

七、计算流体力学

计算流体力学的发展思路是：重视物理建模、预测的精细化，重视实用的高性能计算、海量信息的提取和理解。主要发展方向如下：①基于未来 E 级大规模计算需求的高精确、高效、灵活方便、强适应性的复杂网格处理技术；②对复杂外形计算具有适应性、鲁棒性的高阶精度格式研究及应用；③适应复杂问题计算精度和计算效率的 RANS/LES 混合方法大分离流动模拟；④基于海量流场数据的三维实时、交互、并行式流场高效可视化技术；⑤与人工智能技术相结合的人工智能计算流体力学及其工程应用；⑥以量子计算技术为基础的新的计算流体力学理论与方法。

八、实验流体力学

实验流体力学的发展思路是：发展三维流动显示及测量技术，特别是针对高超声速流动、稀薄气体、燃烧等极端环境下的测试技术和模拟方法，揭示其复杂流动机理的同时为工程实际提供技术支撑。主要发展方向如下：①高速流动三维速度场高动态测试技术；②湍流燃烧和两相湍流测量技术及机理研究；③多参数场（速度、压力、摩擦力、温度）的联合测量和融合技术，揭示流动控制减阻、降噪、气动加热机理；④流固耦合和流动噪声测量技术及机理研究；⑤融合计算模型和实验测量的数据同化技术及人工智能低维分析；⑥极端力学实验测量技术。

九、微重力流体力学

微重力流体力学的发展思路是：结合理论研究、数值模拟、地基实验及短时微重力实验、空间微重力实验，开展前沿交叉研究，突破先进微重力实验诊断技术，助力我国载人航天和深空探测。主要发展方向如下：①表面张力驱动对流的基本特征及其稳定性、复杂界面调控；②空间对流转捩及强非线性过程、混沌动力学机制；③流体界面现象和接触线（面）动力学；④气泡、液滴动力学与电化学反应两相流；⑤蒸发/凝结两相系统稳定性、高效换热机制及低温推进剂管理；⑥分散体系聚集过程、胶体相变与颗粒物质动力学；⑦微重力环境对人体血液循环系统特性及骨骼生长过程影响的流体耦合机制；⑧空间细胞/组织三维、动态生长的流体输运规律与模型化等。

十、微纳米流体力学

微纳米流体力学的发展思路是：针对未来 MEMS/NEMS 技术的发展需求，采用理论、分析和实验相结合的方法，研究微纳流控系统中纳米至微米尺度的流体运动规律。主要发展方向如下：①微纳尺度下非线性电动现象与界面问题；②多场作用下微纳尺度物质输运过程与流动探测新方法；③微纳流动的多场多尺度耦合理论与模拟；④表面微纳结构流动减阻；⑤新型能量转化机理。

第五章

交叉力学

本章首先阐述交叉力学学科的科学意义与战略地位；其次介绍该学科中主要分支学科／研究领域的发展规律与研究特点；再次分析各分支学科的发展现状与发展态势，尤其是目前我国在这些学科上的发展水平；最后介绍各分支学科的未来发展思路与发展方向。与前几章有所不同的是，鉴于交叉学科所涵盖的各分支学科差异较大，本章第三节、第四节对各分支学科的介绍体例和风格也有较大差异。

第一节　科学意义与战略地位

力学学科的基本特点之一是不断与其他学科产生交叉和融合，产生力学进步的不竭动力，推动着力学的不断发展。随着力学与其他学科的交叉日益广泛和深入，力学所涉及的对象也日益复杂，出现一系列处于科学前沿的新问题和新领域。因此，力学学科正不断衍生出新的交叉力学分支，进而为力学体系发展孕育新的变革机遇。

力学作为科学与工程之间的桥梁，连接不同领域的基础与应用研究。交叉力学以力学为牵引，通过介质交叉、层次交叉、刚柔交叉、质智交叉等多种交叉，实现多学科的交叉和融合（Yang et al.，2018）。因此，交叉力学是体现力学学科巨大包容性的新学科生长点，并赋予力学已有领域新的高度和广度。目前，交叉力学研究呈现出非线性、非平衡、各向异性、多场耦合、复杂网络、时空多尺度等复杂特征，其研究的深入与发展离不开力学学科的发展，同时也催生了一系列新概念、新理论和新方法。

在科学研究前沿和国家重大需求的双重驱动下，我国交叉力学的发展态势良好，在如下领域形成了鲜明特色，包括：研究生命体不同层级结构力学特征及其力学调控规律的生物力学；研究环境和灾害发生和演化的共性科学问题的环境力学；研究爆炸与冲击过程中因能量突然释放或急剧转化、介质响应效应及其工程应用的爆炸与冲击动力学；基于力学基础理论，从原子、分子等微观层次解释和预测介质宏观超常力学行为和物理现象的物理力学；等等。

近年来，我国交叉力学研究发展迅猛，取得了多项重要进展，在国际力学界产生了重要影响。例如，在生物力学领域，研究如何通过调控分子构象以及细胞互作进而影响组织/器官功能及其与疾病的关联；在环境力学领域，研究大气环境相关的大尺度湍流与重大灾害发生机理及其预测预报动力学模型；在爆炸力学领域，研究非晶合金剪切带、新型含能材料及计算爆炸力学；在物理力学领域，研究力、电、磁、热、化学、生物等多场耦合作用下功能材料的力学性能。与此同时，我国学者主动面向国家重大需求，开展交叉力学的应用研究。生物力学研究推动了组织 / 器官工程化构建与康复工程的发展；环境力学研究推动了工业节能减排、城市空气污染治理、风沙环境治理等；爆炸力学研究推动了爆破工程、爆炸加工、安全评估等领域的进展；物理力学研究推动了纳米结构的超润滑、纳尺度结构的水伏效应等新技术的探索。

第二节　发展规律与研究特点

力学与其他学科的交叉与融合，推动了交叉力学的形成和发展。在我国，交叉力学主要包括生物力学、环境力学、爆炸与冲击动力学、物理力学等。现对交叉力学各分支学科的发展规律与研究特点分述如下。

一、生物力学

生物力学是力学与生物学、医学交叉融合而形成的交叉力学分支学科，研究生命体分子、细胞、组织、器官和系统等不同层级的力学特性及其在力作用下运动和变化的规律与机制。生物力学不仅在揭示生物奥秘方面具有重要的科学意义，而且是生物医学工程的重要分支学科，是医疗器械产业的支撑学科，是骨、心血管、呼吸、口腔康复等医学学科的理论基础，对服务人类健康的重大需求起着举足轻重的作用。生物力学的基本内涵是运用力

学原理和方法深化对生物学和医学问题的定量认识，呈现力学 –
生物学 – 化学耦合、多相多场耦合、高度非线性、非平衡、各向
异性等基本特征。该学科的发展规律与研究特点如下。

（一）学科内涵不断拓展

随着科学技术的进步，当今生物力学发展正经历着深刻的变
化。在研究思路方面，基础研究逐步精细化、可视化及定量化，
大量数据的积累则推动着生物力学的模型化和数学化，为生物力
学研究开辟了新的用武之地。在研究内涵方面，人们对生物系统
中力学因素重要性的认识更加深刻，提出了力学生物学、力学免
疫学、力学表观遗传学、力学医学等新的概念和方向。生物力学
研究还拓展至生物材料力学与仿生力学，并在生物医学工程、生
物工程等领域发挥重要的基础作用。与此同时，生物力学的新概
念、新技术、新方法始终是研究重点。

（二）与生命科学和医学进一步深度融合

生物力学发展的主要特点是不断寻求力学和物理学新的原理
与方法，进而与生物学、医学等学科进一步融合。生物力学正经
历从"X × Bio=Bio-X"（交叉）到"Bio × X=X-Bio"（融合）的转
变，并与生物物理学、生物数学、生物信息学、生物化学、生物
光学等紧密结合，着重研究生命活动和生物学过程的定量化、可
视化和精确化问题。

（三）注重力学 – 化学 – 生物学多学科耦合

以血流动力学与流变学、骨骼 – 肌肉 – 关节力学为代表的主
流宏观生物力学，已成为现代骨科、心血管、口腔医学、康复医
学等的学科基础。以分子 – 细胞生物力学和力学生物学为代表的

新兴分支学科，也在药物设计与输运、组织与器官构建、纳米机器人等医药学行业获得广泛认同。宏观生物力学与微观生物力学研究间的结合日益紧密，注重规律发现与技术发明的同步发展。这主要体现在，强调微观机制的分子－细胞生物力学与力学生物学向跨尺度力学－化学－生物学多学科耦合整合发展，强调从宏观的骨骼－肌肉生物力学、心血管生物力学机制向微观的细胞－分子生物力学机制深入。生物力学与系统生物学相结合，为生命信息的整合和跨尺度关联提供了方法论途径。

（四）有机联通宏观、细观和微观尺度

现代分子－细胞生物力学既提出大量新问题，又带来许多新工具，推动着生物力学由宏观向微（细）观深入。无论是细胞层次或亚细胞层次的力学－生物学耦合规律及相应力学信号感知、传递、转导与响应机制，还是分子层次力学－化学耦合规律及相应微观结构演化动力学机制，均为定量揭示生命活动和生物学过程的机理提供重要微观基础。

二、环境力学

环境力学是力学与环境科学相互交叉和融合形成的一门交叉力学分支学科，主要运用力学的基本理论和方法研究环境和灾害发生和演化的共性科学问题。该学科着重研究环境与灾害问题中流动、迁移、变形、破坏，以及其导致的物质、动量、能量输运和伴随的物理、化学、生物过程，定量描述环境和灾害的演化规律。综合性、时空多尺度、复杂介质、多场和多过程耦合是其基本特征。该学科的发展规律和研究特点如下。

（一）综合性和学科交叉性

当今，环境和灾害问题都是综合性的，研究对象包括自然环境演化、环境灾害，以及各类因素变化对环境和灾害发生及演化的影响等。因此，环境力学涉及众多学科，与物理、化学、地球科学（包括大气、海洋、水文、地理）、岩土工程和生命科学（包括生物化学、植物生理学、生态学）之间的交叉是其发展和研究的重要特点。

（二）复杂介质的多场和多过程耦合

环境力学主要研究自然环境流动中的物质、能量输运转化过程。这些过程大多数是非均匀、非连续、多组分、多相的，而且伴随着物质、能量输运转化过程，还会发生各种物理场耦合，如流场、电场、辐射场、温/湿度场等，以及物理、化学、生物子过程，如扩散、吸附、乳化、絮凝、蒸发、凝结等物理化学反应和生物降解、光合、生态演替等生物学反应。因此，复杂介质的多场、多过程耦合是环境力学问题的显著特征。

（三）跨越多个时空尺度

环境和灾害问题涉及的范围和层次十分广阔，往往跨越若干时空尺度。从空间上看，有全球、地区、流域以及更小尺度；从时间上看，有古气候变化（包括万年以上的地质期、千年左右的历史期、数百年的超长期变化）和现代气候变化［包括长期（数十年的年代际）、中期（数年的年际）和短期（月或季的变化）］。岩土体经历长期构造、变质、风化，力学性质多变。由于大小尺度的非线性相互作用，环境力学问题往往呈现多时空多尺度的特性。

（四）对适时状态的依赖性

环境力学问题大多数为自然和实际工程问题，其发生和演化过程往往取决于研究对象当时所处的状态和条件。因此，环境力学研究常常与实际观测和监测密切关联，观测与理论预报相结合是环境力学研究的重要特点。

（五）注重人类活动的影响

现代社会的人类活动对环境变迁和灾害的发生与演化影响巨大。因此，环境力学研究必须深入考虑人类活动的影响，这是其区别于其他力学问题研究的重要特点。

三、爆炸与冲击动力学

爆炸与冲击动力学是研究爆炸与冲击等强动态载荷的发生和发展规律、强动态载荷与介质的相互作用机制，以及强动态载荷的利用、控制和防护等的学科，是交叉力学的分支学科。该学科主要研究爆炸与冲击过程中因能量突然释放或急剧转化而产生的强激波、高速流、变形、损伤和破坏等效应及其工程应用，具有非定常、强间断、强非线性、多场耦合等基本特征。该学科的发展规律和研究特点如下。

（一）高难度科学问题牵引

爆炸和冲击载荷具有高强度、短历时两个基本特征，导致载荷和介质发生强耦合，介质中各种非均匀的微细观结构都会被激发和活化，表现出多个不同微细观速率的过程，展现出随时空演化的斑图，呈现出丰富物理现象和规律。爆炸与冲击动力学学科发展中，这些极具挑战的问题一直作为核心科学问题牵引着学科的发展。

（二）强烈的工程需求推动

爆炸力学问题多来源于航空航天、武器装备、先进制造、民用安全等重要领域，其研究成果可为武器设计、材料与结构耐撞性设计、爆炸加工与爆破工程等提供理论基础和技术支撑，推动相关技术的发展。一方面，从爆炸与冲击动力学领域所发展出的炸药爆轰理论、应力波传播理论、材料动力学理论、终点弹道学等，为核武器、激光武器、常规武器的研制和防护设计提供了重要的理论基础，在国防科技中大显身手。另一方面，爆炸与冲击动力学实验技术为冲击载荷下材料的力学性能的研究提供了方法和工具，为定向爆破、井下爆破、爆炸加工、爆炸合成等的方案设计和实施提供了技术支撑，在经济建设中发挥了重要作用。因此，上述工程需求一直是该学科发展的原动力。

（三）广泛的学科交叉性

爆炸与冲击动力学是介于流体力学、固体力学、物理力学、材料科学、化学反应动力学之间的交叉学科。在爆炸过程中，介质的流动、变形、破坏、升温、辐射、化学反应乃至核反应等一系列过程，构成了爆炸与冲击动力学极其复杂丰富的研究内容。因此，在爆炸与冲击动力学研究中常需考虑力学因素和多个化学物理因素的耦合，多因素的渗透和结合又反过来推动爆炸与冲击动力学不断发展。

四、物理力学

物理力学基于牛顿力学、量子力学、电动力学等基础理论，从原子、分子等微观层次解释和预测介质的宏观超常力学行为和物理现象，是交叉力学的分支学科（Tsien，1953）。该学科的研究对象主要包括力主导的材料结构的功能表达、多场耦合作用下的力学行为与智能特性、超越半导体的复杂介质与系统的物理力学性能。物理力学的上述研究思路深刻影响了力学研究的发展，促进了力学与物理、化学、材料、生物等学科的交叉与融合。物理力学既衍生了一大批新兴前沿基础研究领域，又面向国家战略需求推动工程技术的发展，为航空航天、新能源、软机器、微纳米器件制造等领域的发展提供颠覆性新技术。该学科的发展规律和研究特点如下。

（一）理工二重性

物理力学从微观本质上研究物质的宏观力学行为和物理现象，因此是一门力学基础科学；物理力学研究的最终目标是为工程服务，主要内容是自然科学的工程理论，故属于工程科学。因此，物理力学是理科和工科有机结合的典范，具有基础科学和工程科学的二重性。

（二）注重宏微观结合

以往的技术科学和绝大多数基础科学的研究，都是从宏观到微观，或从微观到微观。物理力学建立在近代物理和近代化学成就之上，研究物质的宏微观构效关系，着重分析力学问题的微观机制与各种物理场的深度耦合，进而建立理论模型来解决实际问题。

（三）致力于交叉创新

该学科在物理学的"四大力学"基础之上，发展新的物理力学理论和高效的计算方法与工具来解决问题。物理力学所面临的问题往往要比纯基础科学里所提出的问题复杂得多，必须尽可能结合实验和综合运用多学科最新进展，发展新的研究方法来解决上述宏微观问题。

第三节　发展现状与发展态势

随着科学技术的迅速发展，力学通过与生物学、医学、环境科学、物理学等学科不断交叉和深度融合，在研究方向、研究内容和研究命题上发生了重大变化，新的研究领域不断涌现，理论研究和实验手段不断拓展。这既赋予力学已有领域新的高度和广度，也促进了新兴交叉力学的蓬勃发展。下面分别介绍生物力学、环境力学、爆炸与冲击动力学、物理力学等交叉力学重要分支的发展现状和发展态势。

一、生物力学

生物力学的主要任务是研究生物医学中的力学问题，认识生命体和生物学过程的力学－化学－生物学耦合规律，为提高人类生活质量、保障人类健康服务。

20世纪90年代以来，随着生命科学研究向微观深入，生物力学研究也迅速向纵深发展。人们实践着"分析—归纳—再分析—再归纳"的渐进式方法论，并不断积累数据，以期最终对分子－细胞层次的力学－化学、力学－生物学耦合关系予以清晰阐明。

人们逐渐认识到生理力学微环境对生命体生物学过程研究的不可或缺性。力学因素或环境对生物学过程的调控规律、机制及其应用是生物力学方向的研究重点。通过多尺度分析和跨尺度整合的不断深入，该学科呈现出从微观向宏观综合、从宏观到微观深化的发展态势，并提出了力学免疫学、力学表观遗传学、力学医学等新概念，建立了力谱–荧光谱耦合等生物力学研究新技术、新方法。

我国的生物力学学科创立于 20 世纪 70 年代末期。经过 40 余年的发展，它已从最初集中于血流动力学与生物流变学、骨力学、肝胆流变学、呼吸力学等宏观生物力学的研究，发展成为包括循环与呼吸系统力学、骨骼–肌肉–神经系统力学、感觉系统力学、泌尿–生殖系统力学等人体生物力学、特殊环境（失重与超重、电磁场等）和特定人群（航空/航天员、舰员、地面交通工具乘员）等生物力学工程、工效学和人机工程，以及其他生物种群（动物、植物以及细菌、病毒等）的生物力学与仿生力学基础等诸多分支的一门学科，其研究层次也跨越人体、器官、组织、细胞和分子等多个尺度。目前，我国生物力学发展态势和水平与发达国家基本同步，近年来在心脑血管、骨骼–肌肉、干细胞、免疫、肿瘤、神经等的生物力学调控方面的研究发展迅速（陈维毅，2018）。2017 年，由 200 余位学者参与编写出版的"生物力学研究前沿系列"丛书（10 册），总结和展示了 21 世纪以来我国生物力学研究取得的新进展和新成果（冯西桥，2017）。下面分别介绍生物力学各分支学科/研究领域的研究进展、我国的学科发展水平、未来发展趋势。

（一）分子–细胞生物力学

对分子–细胞生物力学的研究主要集中在蛋白质相互作用动

力学、生物大分子力学 – 化学耦合、生物大分子相互作用理论模拟与结构基础、单分子力学，以及细胞力学信号转导、细胞力学 – 生物学耦合、干细胞生物力学、单细胞力学与亚细胞动力学等方面。

近年来，我国学者在生物力如何通过动态调控抗原呈递分子的构象变化来决定 T 细胞受体的非我抗原识别过程，力学微环境调控下的细胞黏附、迁移动力学及分子机制，动物细胞体积、压力的调节机制，分子 – 细胞层次生物力学特征与疾病之间的关联等方面取得了重要进展。

未来，分子 – 细胞生物力学的发展趋势如下：一是生物大分子相互作用动力学、力学 – 化学耦合规律及结构 – 功能关系、（亚）细胞动力学行为及其力学调控规律等方面的定量化和模型化研究，为认识生命现象、保障人类健康提供新概念和新方法；二是在分子 – 细胞水平揭示并定量刻画生物学过程的力学调控途径，可为相关疾病的介入治疗和创新药物设计提出新的解决方案，这也是世界各国竞争的焦点。

（二）力学生物学

力学生物学研究侧重于从基因、蛋白质、细胞、组织、器官和整体等不同尺度上探讨应力 – 生长关系，关注力学环境对生命体健康、疾病或损伤的影响，旨在阐明生物体力学微环境与生物学过程（如生长、发育、免疫、重建、适应性变化和修复等）之间的相互关系，侧重于研究生物体组织细胞在生长、维持、适应过程中对力学环境的响应及其机制，以发展有效的新诊疗技术，促进生物医学基础与临床研究的发展。

我国的力学生物学研究起步较好，在心血管生物力学、骨关节力学生物学等方面取得了较好进展,其水平与世界先进实验室接近,部分工作达到世界先进水平。对心血管生物力学的研究以力－生物学效应－血管重建、心血管动力学及临床应用为主。主要进展包括:从细胞和分子水平揭示了力学因素调控血管平滑肌细胞功能的力学生物学机制;考察不同力学微环境对血管细胞力学信号转导、基因表达、细胞行为与命运的调控机制,以及对血管病理生理学和动脉粥样硬化等病理机制的研究。上述工作为今后的发展奠定了良好的工作基础。

未来,力学生物学的发展趋势如下:一是在心血管生物力学方面,以血管重建为切入点,阐明力学因素如何产生生物学效应而导致血管重建以及相应信号转导通路,并阐明相应的力学调控途径,寻找力学因素对心血管作用潜在的药物靶标和新的生物标记物,为从生物医学工程角度寻求防治血管疾病的新途径奠定基础;二是研究组织和器官(如骨骼、肌肉、消化道、气道等)力学生物学。

(三)骨骼－肌肉运动力学

骨骼－肌肉系统(骨骼、肌肉、肌腱、韧带和关节等)作为支撑人体运动的主要力学结构,是现代生物力学认识的首要对象之一。该学科主要研究如下内容:一是对骨骼－肌肉系统整体结构特征、功能和运动的定量描述;二是对各种组织的细观－微观力学性质、多尺度关联、力学－生物学耦合关系的精细研究(如肌肉力学、骨力学等)和宏观建模与表征。

近年来,我国骨骼－肌肉系统生物力学研究朝着专一化、精细化方向发展,逐步与世界先进水平接近。在骨骼－肌肉系统生物力学中,以骨骼－肌肉系统的结构功能、关节力学及临床应用为主要研究目标，重点研究骨骼和肌肉的结构、功能及评定，创伤与安全防护的力学机制，骨/软骨重建和功能恢复的力学生物学机制等。主要进展包括：建立了多体动力学和有限元耦合的研究方法，研究了人体不同部位骨骼－肌肉系统的损伤机制与防护方法，并将其用于人体防护装备设计、人机工程设计、个性化精准化治疗与运动功能康复方案的制订；揭示力学微环境对骨/软骨细胞的影响、骨/软骨结构与功能的定量关系、组织缺损的修复规律等。

未来，骨骼－肌肉运动力学的发展趋势如下：一是骨力学研究着重分析力致骨重建的生物学机制、力学刺激作用下各类骨细胞在不同时间尺度上的生物学响应等；二是肌肉力学研究着重分析神经脉冲与肌肉纤维中钙离子浓度变化的动态关系、肌动/肌球蛋白横桥分子相互作用与肌肉收缩的定量关系、分子反应动力学与连续介质力学的多尺度连接等；三是在器官水平研究骨骼－肌肉的相互作用规律，如足、手、面颚、肩、髋、脊柱、膝等，并重视骨骼－肌肉力学研究成果在运动生物力学中的应用；四是研究骨骼－肌肉系统运动与神经控制规律及其应用。

（四）血流动力学与生物流变学

心（脑）血管系统力学是现代生物力学的另一主要对象。其研究重点从最初的生命体宏观流变特性（如血液、体液的流动特性、血液黏度与血浆黏度等）深入到组织、细胞、亚细胞及其蛋白质和 DNA 水平调控机理，并关注体液、细胞、血管等对象之间的协同作用及其对生命活动的影响。

我国在动脉系统血液流场的数值模拟方面的研究具有较长期的积累，而在个体化心血管介入治疗的手术规划和动脉粥样硬化斑块生长、破裂机制与高风险斑块的预测等方面的研究正朝着更加精细化描述体内血液流场方向发展。近年来，我国学者建立了活体血管壁薄层的脂质浓度分布观测方法，并证实血液循环系统中存在脂质浓度极化现象，为阐明动脉粥样硬化机制提供了重要依据；在应力－生长关系的研究中，发现了心衰导致所有动脉血管的生长和重塑均不再遵循"均匀壁面剪切应力假设"的特征；发现了动脉斑块内应力同其易损性的关联规律，建立了斑块病变和血管新生的理论模型和数值计算方法等；基于力学原理建立了血流动力学体外模型实验方法和几何多尺度血流动力学数值模拟方法，并将其用于指导先天性心脏肺动脉下心室旷置术、冠状动脉搭桥术等多种手术，还开发了人工心脏，并已应用于临床实验研究。

未来，血流动力学与生物流变学的发展趋势如下：一是从力学、生物学、医学的角度，利用特异性、靶向性、无创性的新技术和新方法研究心脑血管疾病的发生和发展的规律和机理，推动其在心脑血管病手术、介入治疗的手术规划和治疗中的应用；二是基于肿瘤内血流动力学的详细分析与计算，加深对肿瘤的复杂生理特性的理解；三是继续推动从宏观流变学向微观流变学的深入，将可视性研究技术与基因组学、蛋白质组学、细胞动力学结合，揭示疾病发生发展的本质。

（五）组织工程与再生医学中的生物力学

现代生物力学立足基础研究，面向与临床相关的应用基础研究和应用研究，并始终贯穿从宏观向微观深入、宏微观相结合、力学微环境调控的总体思路。组织工程与再生医学中的生物力学是利用力学、物理学、化学、生物学和工程学方法探讨生理力学微环境对工程化组织构建、组织与器官再生等的影响和调控，以及分子、细胞层次的内在机制，定量评价工程化组织和再生组织的力学性能以及运动与结构功能，进而指导细胞生长、分化和组装，构建具有复杂结构和功能化的三维组织，并推动组织工程技术的发展和成熟，促进组织工程的规范化和标准化，为解决人体组织缺损、修复、再生等临床实际问题服务。随着对生物材料、种子细胞以及生长因子等组织工程基本要素的深入研究以及工程化构建技术的快速发展，该领域的研究发展迅速。

近年来，我国组织工程研究发展态势良好。例如，构建了四种肝细胞、两层流道的体外三维肝血窦组织模型，为定量评估力学因素对肝脏功能的调控及未来力学优化的人工肝反应器提供基础；建立了气道平滑肌从细胞到器官多尺度生物力学研究体系，阐释了阻塞型睡眠呼吸暂停低通气综合征口腔矫治器的治疗机理。部分产品已进入临床应用，一些复杂功能器官的模拟与人工构建也获得了重要进展。

未来，组织工程与再生医学中的生物力学发展趋势如下：一是深入研究力学刺激下细胞生物学响应以及细胞与材料表面间相互作用；二是设计新颖的生物反应器，精确控制干细胞和始祖细胞的快速增殖以及化学和力学环境，以实现组织的三维生长和功能；三是着重研究组织损伤与修复机理和基因调控机制，通过创新材料与生物医学工程构建和改善再生微环境，实现组织与器官的完美再生与修复。

（六）临床医学与康复工程中的生物力学

临床医学与康复工程中的生物力学研究贯穿生物力学学科整个发展历程。除了继续在传统的心血管、骨骼、肌肉等系统中开展研究外，近年来有关呼吸、神经、感觉、消化、生殖等系统的生物力学研究与应用发展迅速。同时，综合考虑多层次、多系统相互影响，充分利用多学科的交叉融合，已成为上述研究和应用的重要特点之一。另外，随着生物力学研究的深入，以及纳米、微流控、三维打印等技术的发展，力学因素在纳米药物制备、输运、（智能）生物材料、（类）组织、器官工程化构建等应用领域的重要性也逐渐被承认。因此，生物力学研究和应用在临床医学和康复工程方面的重要性已经初步得到了行业和产业界的认同，被列为医疗器械产业、康复工程领域中长期发展规划的关键共性技术之一。

近年来，我国临床医学和康复工程方面相关的研究与应用进入了快速发展的新时期，在无源医疗器械优化与可靠性检测、口腔正畸与修复仿真、计算机辅助手术的生物力学评价、康复辅具设计与康复功能评价、个体化在体检测与测量技术、超重和失重等极端条件下的人体损伤及防护等方面开展了大量的研究，在相关行业内已具有较大影响力。例如，在听觉器官生物力学方面，自主研发了红外眼震电图仪、眩晕诊断仪/治疗仪；在眼生物力学研究中，建立了高眼压长期作用与眼内软组织生物力学特性改变之间的关系，对青光眼治疗有一定的参考价值，并通过动物实验验证了巩膜交联术治疗高度近视眼的有效性和安全性，为高度近视眼治疗提供潜在方案。

未来，临床医学与康复工程中的生物力学发展趋势如下：一是开展关键技术和共性技术方面的研究，发展个体化建模、在体测量和检测等关键技术，并将已有的理论研究成果尽快转化为实际应用，形成具有自主知识产权的产品；二是进行多层次、多系统、多学科交叉融合的研究；三是着重研究新系统、新领域的生物力学，丰富生物力学内容，创造生物力学新的增长点。

最后，综合上述分支学科 / 领域的发展态势，可将生物力学的未来发展趋势概括如下：一是高度关注重大疾病（如癌症、心脑血管疾病、传染病等）与人类健康（如衰老）中的重大生物力学问题，服务于组织工程与再生医学、临床医学与康复工程等应用领域的是生物力学为人类健康做贡献的核心任务。二是分子 - 细胞生物力学与力学生物学成为生物力学的前沿热点，是揭示生命过程的宏微观机理的关键。三是肿瘤力学、临床力学、循环与呼吸系统力学、骨骼 - 肌肉 - 神经系统力学是生物力学关注的重要分支。四是生物材料力学、植物生物力学、空间生物力学、仿生力学等是生物力学正在快速发展的新生长点。五是关注其他生理系统、不同生物学对象，以及特殊条件下的生物力学问题，关注人工智能与生物力学的结合。

二、环境力学

20 世纪 80 年代，随着环境问题的日益突出和人们对力学过程在环境演化中的主导性作用的逐步认识，我国形成了环境力学学科。40 年来，环境力学得到了迅速发展，研究内容不断丰富，既十分注重学科发展的自身规律和要求，又紧密结合社会和经济发展的需求。近年来，人类活动与环境相互作用和影响，新的课题不断被提出。环境力学作为与人类生存环境保护和治理密切相关的学科，研究对象涉及人类生存环境的各个方面，包括大气环境、水环境、岩土体环境、地球界面过程、重大灾害、工业环境等（Li et al.，2003）。同时，作为一门交叉力学分支学科，环境力学又呈现出与环境科学明显不同的研究风格和特点。

40年来，我国的环境力学研究基本保持与发达国家研究同步发展的态势。近年来，在科学前沿牵引和国家重大需求驱动下，我国的环境力学研究取得长足的发展，特别是在一些与我国环境和灾害防治密切相关的重点领域做出了重要贡献。在环境力学的共性基础科学问题方面，我国学者提出了自然环境流动问题的基础科学问题主要为介质的复杂性和多过程耦合的论点。针对自然岩土体和泥石流等复杂介质，提出从细观力学分析描述含水土石混合物及泥石流复杂介质力学特性的理念；建立了基于颗粒离散元的数值真三轴仪，研究了固体混合物、固-液转化及流体不同相态的力学特性；建立了描述这类复杂介质从固态到流态的本构/流变关系演化过程的新方法，解决了土石混合体介质力学特性难以确定的难题，为复杂介质力学特性研究提供了新的途径。在环境问题的多过程耦合方面，建立了风沙流与电场耦合、水动力与水质生态耦合、水-沙-床耦合、水动力-土体变形破坏等多过程耦合方法，针对这类复杂问题发展了丰富的耦合分析和数值模拟方法。下面介绍我国学者在环境力学的主要研究领域内取得的主要研究进展。

（一）地球界面过程

针对我国西部干旱、半干旱环境治理问题，研究风沙起动临界风速，得到风沙流输沙率公式，发现风沙带电现象，分析了它对风沙运动的影响，建立了风沙输移动力学模型和风沙地貌演变动力学模型，提出了风沙荒漠化治理措施，创立了考虑湍流效应的风沙物理学新框架，形成了具有中国特色的风沙力学研究，对湍流环境下的风沙力学研究起到了主导作用。针对黄土高原严重的土壤侵蚀，以其基本过程、观测数据、土壤侵蚀模型为基础，建立了坡面及小流域产流、产沙动力学模型，得到了主要因素的影响规律，给出土壤侵蚀临界坡度，提出了水土流失的预报、防治措施，发展了土壤侵蚀的动力学理论。针对陆面过程，模拟了有植被的大气边界层，得到了结皮层对土壤水分运动的影响及其生态效应，为气候模型参数化和"三北"防护林工程建设提供了科学依据。

（二）大气环境力学

针对自然流动大尺度湍流问题，刻画了超高雷诺数湍流结构特征，提出了大尺度湍流结构的表征方法，给出了自然阵风流动的速度变化序列。针对沙尘暴问题，分析了沙尘暴发生的机理，给出了沙尘暴发生的多因素条件，建立了沙尘暴输移和预报动力学模型，为防止和减轻沙尘暴提供了科学分析方法。针对雾霾问题，建立了大气环境观测网，分析了雾霾形成的主要原因和机制，给出了不同条件下的雾霾演化过程。针对城市大气环境，建立了复杂下垫面条件下的大气动力学数值模式和区域大气环境的大涡模拟数值模型。利用环境风洞和分层水槽实验，研究大气或水体中的污染物对流扩散，为核电厂设计、城市中央商务区（central business district，CBD）规划提供重要依据。

（三）岩土体环境力学

针对二氧化碳地质封存、非常规资源开采、高放废物处理及增强型地热开采等工程的热－流－固－化（thermal-hydro-mechanical-chemical，THMC）多物理场多耦合力学问题，揭示岩土体多场耦合的复杂力学规律，给出了岩土体多场耦合分析方法。针对深部工程硬岩开挖力学响应问题，研发系列硬岩高压真三轴试验技术，揭示深部工程硬岩脆性破坏的应力差效应、硬性结构面效应、时间效应，提出深部工程硬岩三维破坏判据和力学模型，建立了岩爆孕育过程能量计算方法。针对软岩力学特性及其诱发的大变形工程灾害问题，阐明不同类型软岩在开挖卸荷应力路径下的变形破坏机制，提出复合层状软岩的各向异性渐进损伤力学模型，建立不同类别工程软岩大变形的判定标准，发展多种联合支护和韧性支护技术。针对岩土体多尺度异质性问题，分析岩土体矿物成分及结构特征，建立能够反映细观力学损伤和破坏机制的本构关系，提出了微观、细观和宏观多尺度的研究方法。

（四）水环境力学

针对我国的多沙河流，对河流中的恒定输沙和高含沙输运进行了深入研究，提出了非恒定、非饱和输沙理论，建立了水－沙－床全耦合动力学模型，以及非均匀沙输移理论和数值模型，在我国江河治理、大型水利枢纽工程建设中发挥了重要作用。针对珠江口、长江口治理，建立了复杂河口潮－流－沙－盐耦合动力学模型，发展了河口动力学模型。针对我国大型湖泊水库及河口海湾的水质污染和生态环境，发展了水动力－营养盐－有机物－污染物－生态耦合动力学模型，揭示了生态环境恶化的内在机制，提出了优化方案和治理措施，为我国的水质生态环境保护提供了科学依据。针对地下水污染和岩土体水环境，发展了微观渗流、多重介质渗流和随机介质渗流理论和模型，建立了污染物扩散的分数阶导数模型，丰富了基于菲克扩散定律的扩散模型。

（五）工业环境力学

针对工业节能减排和城市空气污染问题，开展了含化学反应的多相复杂流动和大气动力学模式研究。主要进展包括：燃烧及爆燃发生机制和控制理论研究，煤／生物质等燃烧和气化中的氯

（Cl）、钾（K）、磷（P）等元素的释放及其相关污染物排放的研究，各类危险废物的无害化处理方法、理论与技术研究。

（六）重大灾害

针对滑坡、泥石流、台风、风暴潮、海啸、岩爆、大变形，以及深部工程活动诱发地震等重大灾害，研究其发生机理及预测预报动力学模型。针对地质体滑坡灾害，建立了基于离散元的滑坡体破坏和渗流与边坡稳定性耦合分析模型，发展了具有自主知识产权的大型地质体灾害模拟分析软件，填补了我国在该领域的空白。采用岩土体弹塑性本构关系，建立了基于无网格方法的滑坡涌浪三维数值模型，发展了定量描述地质体非连续、非均匀、流固耦合特性的力学模型和计算方法，服务于大型水枢纽工程设计。针对泥石流灾害，建立了非均匀颗粒粒径分组的两相流模型，揭示了泥石流固液两相间的能量传递机制，提出了相间及颗粒间的能量转化（做功）决定泥石流输运效率的新思想，回答了为什么泥石流输运效率随初始体积增大而显著提高这一长期困扰人们的难题。在海啸传播模型与预测模型、基于涡动力学的台风异常路径预测模型、风暴潮输沙及淤积等方面取得显著的进展，提高了这类典型灾害的研究水平和定量预测水平。

未来，环境问题的科学研究将逐步走向精细化和定量化。随着大量数据的积累，环境研究正朝着模型化和数学化方向发展。现代力学理论的发展，则为研究环境问题带来许多新工具和新方法，由宏观向细观的深入、宏细观相结合等不断突破传统力学的学科界限。与环境科学进一步交叉和融合，定量化地揭示和解决环境和灾害问题成为环境力学发展的主要趋势。

最后，综合上述分支学科/领域的发展态势，可将环境力学研究的未来发展趋势概括如下。一是针对环境力学中的共性科学问题，开展基础研究，促进学科的发展。研究内容包括：环境流动中自然复杂介质（多相、多组分）的力学特性，自然流动与输运的基本方程和求解方法，气、液、固界面的耦合，力学与物理、化学、生态的多过程机理，环境问题的多尺度耦合分析方法，环境力学的建模方法和大尺度数值模拟方法，以及环境力学中物理模型实验中的尺度效应问题等。二是以全球气候变化为背景，针对社会经济发展中具有重大影响的自然和工业环境问题开展针对性的研究。对大气环境而言，研究内容主要包括城市群大气环境、大气污染扩散、雾霾形成机理及防治措施等；对水环境而言，研究内容主要包括河流湖泊水质生态环境耦合模型、污染物排放过程的精确预报、河口海岸泥沙、污染物输运及其对生态环境的影响规律、地下水污染等；对地球界面过程而言，研究内容主要包括土壤侵蚀、沙尘暴、荒漠化等演化过程的动力学理论、预测方法等；对工业环境而言，研究内容主要包括温室气体减排、粉尘输送与弥散、重金属释放等。三是针对重大自然及工程灾害问题的预测预报研究。研究内容主要包括滑坡、泥石流、风暴潮、洪水、热带气旋、海啸等极端环境灾害孕育、发生和发展的力学机制，数值预报及评估模型，防治措施的力学原理等。

三、爆炸与冲击动力学

爆炸与冲击动力学经历了较为漫长的孕育过程。硝化甘油等安全炸药的发明和第二次世界大战推动了与爆炸有关的科学研究。但直至20世纪60年代，西方学者仍未提出"爆炸力学"，而苏联学者则一直将与爆炸有关的研究称为"爆炸物理"。

1960 年，为突破制造装备匮乏的瓶颈，我国力学家郑哲敏等创造性地采用爆炸成形技术制造航天部门需要的特殊部件（戴兰宏，2013）。钱学森敏锐地提出，可以发展一门新的力学分支学科——爆炸力学，主要研究爆炸载荷、结构响应以及高速冲击下的材料行为等。中国科学院力学研究所根据我国航天工业和核武器研制的需要，率先开展了爆炸与冲击动力学的研究工作，建成了动态力学实验室、爆炸洞和相应的测试设备。1963 年，我国力学发展规划中首次包括了爆炸力学学科发展规划。此后，我国的爆炸力学人才培养、科学研究、学术交流步入了正轨。

近年来，在科学前沿牵引和国家重大需求的驱动下，我国爆炸与冲击动力学在各领域的研究都取得了长足的发展。下面分别介绍爆炸与冲击动力学中各分支学科 / 研究领域的研究进展、我国的科学研究水平、未来发展趋势。

（一）含能材料与爆轰力学

新型含能材料和新型结构含能材料是含能材料与爆轰力学的重要物质基础，我国学者在该领域取得重要进展。例如，我国学者在世界上首次合成了室温下稳定存在的高能炸药全氮阴离子盐和共价型五唑铵盐。又如，我国学者成功研发了多种微纳米含能材料，研制了冲击波感度大幅度降低的高品质炸药晶体和具有复合特征的共晶炸药。这些新型含能材料和新型结构含能材料的爆轰性能和安全性的试验和理论研究已成为研究热点。

在爆轰力学研究方面，我国学者也取得许多进展。例如，在含能材料的起爆传爆方面，建立了基于准等熵压缩研究含能材料未反应状态方程的试验方法，建立了基于含能材料微细观结构的细观反应速率模型；在含能材料的能量释放规律方面，获得了金属添加物或其他添加物对含能材料在特定环境（如空中、水下、密闭空间等）下能量输出结构的影响规律；在含能材料的安全性研究方面，建立了多种表征含能材料基础安全性能参数的试验方法，如球形一维热爆炸（one-dimensional time-to-explosion，ODTX）试验方法、大落锤冲击试验方法等，建立了表征钝感炸药的11项钝感高能炸药（insensitive high explosives，IHE）试验方法；利用先进光/电测试技术，深入研究了含能材料在各种刺激下的点火机理和随后的反应烈度问题。

未来，含能材料与爆轰力学的发展趋势如下：一是研究高能不敏感含能材料、纳米含能复合材料的合成与应用；二是研究非均匀含能材料非理想爆轰理论及其爆轰波的精细结构；三是研究热和撞击作用下高能含能材料起爆与感度控制的微细观机理。

（二）爆炸力学实验技术

在新型爆炸驱动与冲击加载技术方面，我国学者发展了基于二级轻气炮的三级变阻抗梯度飞片的超高速撞击技术、电磁驱动斜波加载装置和精密物理实验技术以及基于高能纳秒脉冲激光装置的冲击、斜波加载等新型动态加载技术和装置，这些实验技术和装置可以在不同阻抗的样品中获得吉帕至太帕量级的动态载荷。在传统的霍普金森杆上，发展了具有独立气室的同步组装和双同步组装系统及高温下的数字图像相关法，实现了1600℃高温下动态压缩力学实验中变形与损伤过程的在线观测；基于霍普金森压杆和扭杆，利用双透射杆方法或压剪复合加载装置，实现了压剪复合加载，研制和建立了电磁驱动霍普金森压、拉、扭杆装置；多轴霍普金森杆实验装置的研制也已展开并有望取得突破。

我国学者还研制了一批用于爆炸与冲击领域研究的先进、超快光电子学诊断测试仪器设备，技术指标达到世界先进水平，如 1 亿幅频的超高速照相机，超高速、高分辨同时分幅扫描照相机，高分辨率的线、面激光位移 / 速度干涉仪，1500 ～ 20 000 开尔文的多通道光学高温计，1 ～ 4 兆伏级中能 X 射线机、10 ～ 20 兆伏神龙系列高能闪光照相装置等。建立了用于材料微介观结构特性和动力学研究的多种超快诊断技术，例如 X 线相衬成像（X-ray phase-contrast imaging，XPCI）、X 线衍射（X-ray diffraction，XRD）、X 线数字成像相关（X-ray digital image correlation，XDIC）和超快、高分辨激光序列阴影成像技术等等。

未来，爆炸力学实验技术的发展趋势如下：一是基于同步辐射、中子散射等先进光源大科学装置，研究冲击加载装置及同步、超快、原位诊断技术；二是研究数百吉帕至太帕量级加载能力的电磁驱动、高能脉冲激光、强磁场等熵压缩等实验装置及相应的诊断技术；三是研究精准、可控的动态多轴加载和测试技术。

（三）材料动力学

材料动力学是爆炸力学效应分析与利用的前提和基础，主要研究工程材料在强动态载荷下的动态力学行为、本构关系和高压状态方程、剪切带、层裂和动态碎裂、冲击相变等过程的宏 - 细 - 微观机理、物理和数学描述及工程应用等。我国学者对多种材料在宽广压力、温度和应变率范围内的动力学行为进行了研究，获得了一系列工程材料的动态本构关系、屈服准则、高压强度等大量的基础数据，揭示了材料变形应变率效应的机理。例如，发现了多胞金属特有的一种与变形模式相关的率敏感性行为和能量吸收机理。又如，针对强动态载荷下材料变形、损伤和破坏，发展了基于先进光源的超快时、高分辨的材料微介观结构的原位诊断技术，以及基于霍普金森杆和气炮的损伤演化状态冻结方法，实现了层裂、剪切局部化等过程材料微结构演化的冻结诊断和表征，建立了多个损伤演化和剪切局部化的模型和理论，如统计细观损伤力学理论、非晶合金剪切带理论、动态破碎理论等。

未来，材料动力学的发展趋势如下：一是研究爆炸与冲击载荷下先进材料（无序合金、含能材料等）变形、损伤与破坏的微观－介观－宏观多时空尺度关联机理；二是研究强动态载荷作用下材料中介尺度结构的涌现与非线性演化行为；三是研究材料动态变形破坏行为的多尺度耦合理论。

（四）应力波和结构动力学

在结构的冲击动力学响应和冲击防护方面，我国学者也取得了显著进展。例如在航空航天领域，建立了系统、全面、完整的评价指标体系以定义能量吸收性能，为我国航天器缓冲吸能装置的设计优化提供了重要的理论指导；针对空间碎片的超高速撞击防护，阐明超高速撞击熔化机理、碎片云形成演化机制，提出了非晶合金等先进材料构成的新型梯度惠普尔（Whipple）空间防护结构；针对鸟撞飞机问题，发展了高精度、高可靠性航空器结构鸟撞试验装备，发明了飞机抗鸟撞新概念翼类前缘结构；针对跑道端安全区长度受限的机场，发展了机场跑道特性材料拦阻系统（engineered materials arresting system，EMAS）对冲出跑道的飞机实现有效拦阻，且该系统已被应用于国内多个机场。又如在船舶领域，针对舰船防护需求，发展了抗爆抗弹防火多功能一体化综合防护层，攻克了多功能一体化和宏微观一体化构型设计制备方法等关键技术；针对桥梁抗船撞击等问题，发展了新型防御船撞桥的主桥墩柔性耗能防护和大型桥梁引桥的自适应恒阻力船舶拦截技术，并将其成功应用于国内多座跨海桥梁。再如，针对公共安全、工程防护等其他需求，系统地研究了结构在爆炸与冲击载荷作用下的动态力学行为和响应机理，获得了载荷强度、材料动态性能、防护结构设计等关键因素的影响规律，发展了多种新型复合防护结构。

未来，应力波和结构动力学的发展趋势如下：一是研究新型复杂结构中应力波的传播特性；二是研究冲击吸能防护结构的设计、动力学行为和耐撞性分析等。

（五）高速侵彻与穿破甲力学

高速侵彻与穿破甲力学是武器、装甲和工事设计的基础，是爆炸力学的重点研究领域。在武器研制、工程应用和安全问题需求的牵引作用下，借助先进的实验测量技术和计算机数值模拟技术，高速侵彻与穿破甲力学的研究取得了长足的进步。

近年来，我国学者系统地研究了超高速动能武器穿破甲问题，给出了长杆弹侵彻模型的近似解，建立了二维长杆侵彻理论和正/斜撞击下陶瓷靶界面击溃的理论模型；提出流体弹塑性内摩擦侵彻理论，获得了从低速至超高速全过程的阻抗演变公式；提出了超高速动能弹打击侵深、成坑及地冲击安全厚度的计算方法和防护技术。这些结果为高速穿甲导弹设计和应用提供了重要技术支撑。

未来，高速侵彻与穿破甲力学的研究趋势如下：一是研究穿破甲效应、机理与防护；二是研究复杂结构高速撞击与侵彻动力学；三是研究超高速碰撞的新原理和新方法。

（六）计算爆炸力学

计算爆炸力学是爆炸力学与计算数学、计算技术相交叉而产生的学科分支,致力于研究如何求解工程和科学中的爆炸力学及有关的耦合问题。近年来,我国在计算爆炸力学领域取得若干重要进展。例如,针对爆炸力学问题的模拟,提出了欧拉数值方法的伪弧长方法、高精度保正性计算格式、高精度边界条件计算方法、模糊界面算法等原创性算法;建立了物质点无网格方法,并实现了物质点法与有限元法、有限差分法等的耦合计算;发展了爆炸力学的拉格朗日型算法、光滑粒子流体动力学(smoothed particle hydrodynamics,SPH)方法、时-空守恒元解元方法(space-time conservation element and solution element method,CE/SE)等。又如,针对含能材料的爆轰性能计算,提出了多种基于统计的经验公式和基于热力学最小自由能的理论计算方法,并将分子动力学和第一性原理计算应用于材料在爆炸与冲击载荷下的原子尺度变形、剪切带形成、损伤与破坏、相变,以及含能材料热点形成机制、爆轰反应区及爆轰产物参数、炸药起爆与感度等的模拟,从而对通过实验难以直接观察到的亚皮秒、亚纳米尺度的细观和微观动力学图像进行数值的原位诊断。

未来,计算爆炸力学的发展趋势如下:一是研究适合于爆炸力学模拟的高精度格式、高效算法和软件;二是研究耦合原子尺度与宏观连续介质尺度的大规模数值模拟技术,以及具有高时空分辨率的原位计算机显微镜(in situ computational microscopy);三是研究毁伤效应工程化快速仿真技术及其在军事领域的应用;四是研究基于人工智能的深度学习方法及其在爆炸力学模拟中的应用。

(七)爆炸力学的工程应用

近年来,我国学者在爆炸力学的工程应用领域方面取得重要进展。在爆破工程方面,对硐室爆破、拆除爆破、深孔爆破进行研究，提出了多种爆破技术和方法，"大型桥梁拆、建筑物爆破技术与应用"和"复杂环境下钢筋混凝土桥梁拆除爆破技术与应用"等项目获得行业最高奖，还涌现出许多富含新技术的样板工程，如东莞市东信大厦的定向爆破拆除、上海延安路高架桥的爆破拆除工程等。在爆炸加工方面，采用冲击波合成、多相爆轰合成、电爆炸合成等方法，成功合成了碳基纳米材料、碳化物纳米材料、氧化物纳米材料、包覆型纳米材料、高纯氧化物材料、掺杂氧化物材料及复合型结构材料，并形成了一系列专用固体混合炸药、液体炸药、乳胶炸药等新型复合炸药。此外，传统的爆炸焊接、切割、硬化、喷涂等技术已在许多工业领域中使用，并得到了充分的发展。

未来，爆炸力学工程应用的发展趋势如下：一是研究爆炸加工和爆炸合成技术及其在航空、航天等领域的应用；二是研究精细爆破关键技术及其应用；三是研究空天、交通、能源、制造等领域出现的爆炸力学新问题。

最后，综合上述分支学科/领域的发展态势，可将爆炸与冲击动力学的未来发展趋势概括如下：一是爆炸和冲击力学将以国家在武器、空天、交通、能源、制造等领域的重大需求作为驱动力，朝着与数学、物理学、化学、生物学、材料科学等学科深度交叉融合的方向努力，不断产生新的学科生长点；二是爆炸力学的创新发展依赖于具有原创性的实验设备和重大装置，必须积极推动原创性的实验技术、实验设备和实验装置研究；三是含能材料、爆轰理论、材料和结构动力学、计算爆炸力学是爆炸力学学科的前沿和热点，也是我国具有优势的方向，应努力发展使其达到世界一流水平；四是数值模拟是爆炸力学研究的重要手段之一，应推动物理模型数据库、材料参数数据库、动态效应数据库的建立与共享，鼓励具有自主知识产权的、基于物理的、高性能的、高可靠性的爆炸力学软件的开发。

四、物理力学

20世纪30年代起，火箭、喷气推进、核能工程等重大工程技术的快速兴起使得人们将研究的目光转向高温、高压、强腐蚀等非常规条件下材料和介质的宏观性能。在这一背景下，我国力学家钱学森首先提出物理力学的基本框架，即基于牛顿力学、量子力学、电动力学等基础理论，从原子、分子等微观层次解释和预测介质的宏观超常力学行为、运动规律和功能特性。该学术思想深刻影响了力学交叉前沿研究的发展，促进了力学与物理、化学、材料、生物等学科交叉与融合。物理力学既衍生了一大批新兴前沿基础研究领域，又面向国家战略需求推动了工程技术的发展，已成为力学学科的一个重要分支。

1955年，钱学森先生回国后即刻着手推动我国的物理力学的发展，并把物理力学列为边缘学科之一来推动其发展。经过几代科学家的共同努力，物理力学的研究内涵和范围得到了极大的丰富和发展。尤其是量子力学的诞生及其广泛深入的使用，开辟了从亚原子和原子层次认识物质相互作用与运动规律，从微观机理认识宏观体系超常力学行为以及局域场与力－电－磁－光－热等耦合的输运与信息功能性的物理力学时代。近年来，随着力学基础研究聚焦于半导体材料、纳米功能材料、量子材料和体系的新颖性质研究，物理力学迎来了新的发展机遇。

目前，我国物理力学包含如下主要研究方向。一是极端条件物理力学：主要研究材料力－热－电－磁－化等多场强耦合极端环境下的力学响应及超常力学行为规律；高温高压下介质的微观结构、宏观变形，宏微观结构与性质演化的理论框架和物态方程，实验技术和计算方法及其在工程应用中的基础科学问题；超高或者超低强度下磁流体不稳定性、湍流和输运、加热和电流驱动、激光与等离子体相互作用、高温辐射流体力学和内爆动力学等研究。二是固体和表、界面物理力学：基于固体力学性质的第一性原理、分子动力学和跨尺度力学方法，研究宏观介质和结构的物理力学性能、破坏及其与微观结构的关联，研究表面与界面物理力学行为及其对微纳米结构和系统的整体力学性能的影响。三是强激光束、电子束等强粒子束与物质相互作用物理力学：研究强流电子束、高功率微波、X线束等发射装置、性能诊断和大气传输，强激光等强粒子束与物质的相互作用及其对固体介质的破坏机制。四是液体、稠密气体和复杂流体的物理力学：研究复杂介质如液体、稠密气体和复杂流体的物理力学特征，液体结构的分子动力学，稠密流体的热力学与非平衡性质，复杂流体和流变体的物理力学行为。五是微纳智能物理力学：研究力 - 电 - 磁 - 光 - 热 - 化 - 生物等多场耦合作用下微纳米材料和结构的力学行为和智能特性、铁性功能材料构型和器件的设计与性能调控。六是空间环境效应物理力学：研究空间粒子辐射环境、等离子体环境、真空紫外环境、中性粒子环境、微流星/碎片环境等空间环境对航天器的载荷部件、电子器件的破坏效应及其微观机理。七是多相介质与系统物理力学：研究室温、非平衡态下超越传统半导体的气固液多相介质与系统的功能和物理力学性能，多相介质系统的能量转换新原理、物质 - 信息 - 能量关联现象和调控规律。

近年来，我国学者在物理力学研究中取得许多重要进展，尤其在针对力 - 电 - 磁 - 热 - 化 - 生物等多场耦合作用下功能材料的力学性能、多重调控的"晶体管"型器件、超高温超高压和超高速下材料演化、强激光与物质相互作用、非平衡流体、水伏效应与技术等领域取得了一系列重要研究成果，产生了重要的国际影响（周益春等，2018a，2018b）。近十年来，我国学者在物理力学领域发表的论文数和他引数均位居世界前列。下面介绍我国学者在物理力学各分支领域内研究的主要进展。

（一）激光物理力学

在激光物理力学领域，我国学者提出了激光与物质相互作用等极端条件下物性参数的计算方法，解决了高能激光系统设计中高温气体、辐射流体和化学反应流体的宏观参数缺乏的难题。相关研究成果被应用于气流激光器辐射流体力学和激光辐照效应领域，为国防工业的发展做出了重要贡献。

（二）固体材料的物理力学

在固体材料的物理力学领域，我国学者发现功能材料与水相互作用生电的水伏效应，提出了水伏学（郭万林，2021）；构建了低维纳米材料结构力－电－磁－热耦合的物理力学理论体系，实现了超低摩擦系数材料的设计与测定；发展了挠曲电效应材料的设计与力学理论；在微纳尺度黏附、纳米结构的超润滑等表界面物理效应和调控领域的研究取得重要进展（郑泉水等，2016）。此外，纳米晶金属的超高强度、超高延展性的实现及其尺度效应的研究在世界学术界产生重要影响，合成的超细纳米孪晶立方氮化硼和金刚石等超硬材料获得了广泛的工业应用。

（三）空间环境效应的物理力学

在空间环境效应的物理力学领域，我国学者首创快速增压大压机等代表世界先进水平的静态和动态加载技术，在多重恶劣环境下热障涂层材料的时间空间跨度极大的破坏机理和关键评估技术方面取得高水平成果，神舟飞船、临近空间高超声速飞行器等在高超声速非平衡流作用下的力、热、辐射等问题的研究领域处于世界先进水平。

未来，物理力学的发展需要"双力驱动"：紧扣科学发展前沿，与材料科学、计算科学、物理化学、生物学等多学科形成交叉融合发展态势；同时以新时期国家重大战略需求为牵引，着力解决核技术、激光技术、能源技术、航空航天、基础材料中的关键物理力学问题。

综合上述分支学科/领域的发展态势，可将物理力学研究的未来发展趋势归纳如下。一是面向学科前沿发展物理力学的理论与方法。重点是推动物理力学的多学科交叉融合发展，研究跨时空尺度的理论、计算方法及相应表征能力的大型仪器设备，加强实验观测与高性能计算技术与方法的有机结合，研究介质的宏微观力学性质和运动规律，尤其是围绕多相多场复杂体系等基础前沿科学问题，发展多场-多尺度耦合理论与方法研究其物质-信息-能量关联规律。二是面向国家需求推动物理力学解决重大问题。重点是运用物理力学方法，从微观角度自下而上地设计具有特殊功能的新材料，发展新的计算方法，实现极端条件下材料和器件服役性能模拟及服役可靠性保障；发展更加精细可靠的非平衡流动仿真技术，实现高超声速飞行技术精细化设计、高超声速目标光电特性精细化研究；解决薄片、光纤激光器等全固态激光器的光纤光暗化和光纤放电问题，设计纳米气体激光器等基于低维材料的更高效的激光器；设计和制备含微纳结构的小型化器件，运用"表界面工程"和"表界面设计"的概念解决先进材料、纳微系统、生物医学、新型机器等基础科学问题。

第四节　发展思路与发展方向

　　本节按照交叉力学的各分支学科/研究领域，依次介绍其未来发展思路和主要发展方向。

一、生物力学

　　生物力学的未来发展思路如下：一是在科学前沿层面，着重研究分子-细胞生物力学与力学生物学；二是在重要基础层面，着重研究骨骼-肌肉系统力学、血流动力学与生物流变学；三是在重大应用层面，着重研究组织工程与再生医学中的生物力学，临床医学、康复工程及医疗器械中的生物力学，以及生物力学学科在新药创制中的支撑和定量化作用；四是在新兴生长点层面，着重研究与空间生命科学、航天员生理学与医学相关的力学-生物学耦合、生物材料与仿生力学、动植物生长发育和代谢的生物力学问题。

　　该学科的主要发展方向如下。

（一）人类健康与重大疾病的生物力学问题

　　在这一发展方向，主要研究心脑血管及软组织生物力学及其在循环、呼吸系统疾病中的应用，骨骼-肌肉系统与神经系统生物力学及其在组织-器官创伤和康复中的应用，组织-器官工程化构建的关键生物力学问题，基于康复工程、个体化医疗和手术规划的生物力学新概念、新方法和新技术，生命体多模态生理信息感知的关键力学问题与系统设计。

（二）生命活动的力学－生物学与力学－化学耦合

在这一发展方向，主要研究生物大分子力学性质与相互作用、结构－功能关系及其力学－化学耦合规律，细胞与细胞器的力学性质及其相互作用、细胞整体生命活动定量化及其力学调控规律，组织与器官的生理功能及其力学－生物学耦合过程，生命体不同层次跨尺度信息整合，生理与病理过程的细胞－分子生物力学机理。

（三）生命活动和生物学过程的跨尺度关联

在这一发展方向，主要研究生命活动和生物学过程跨尺度关联的表征技术和方法、理论模型和计算方法，生命活动和生物学过程跨尺度关联的新概念、新技术和新方法，临床医学工程、新药创制的跨尺度关联表征理论、方法和应用。

（四）特殊环境的生物力学基础与力学生物学研究

在这一发展方向，主要研究不同重力条件下细胞生命活动和生物学过程的生物力学模型化研究与定量描述，不同重力条件下组织－细胞的力学－生物学耦合规律及亚细胞组元重建与组装动力学，空间蛋白质相互作用与组装的动力学，基于生物力学的空间细胞－组织三维、动态培养新概念、新方法和新装置，微重力下生理系统改建或重建的生物力学机制等。

（五）仿生力学与生物材料力学

在这一发展方向，主要研究天然生物材料、仿生与运动的多尺度力学关联与跨尺度力学耦合，基于天然生物材料设计和仿生构建的理论模拟与力学调控，扑翼飞行和鱼类泳动的力学原理以及力－能转换机理。

（六）（类）组织－器官工程化构建

在这一发展方向，主要研究力学因素对组织－器官工程化构建的影响规律，生物材料表界面对肿瘤细胞恶性行为的影响、肿瘤微环境调控的生物材料及应用，力学微环境对纳米生物材料与再生医学的调控，力学调控干细胞体内定向分化与组织缺损修复，细胞、组织三维打印技术与组织工程中的生物力学。

二、环境力学

环境力学的未来发展思路如下：一是强化学科布局和研究基地建设，根据地域分布和环境灾害的区域特征，合理部署一批环境力学优势研究单位，建设一批重大环境流动和灾害的学科重点和研究基地；二是加强学科前沿和基础理论研究，重点开展复杂介质的变形、破坏等力学特性，以及自然环境流动和输运规律及其伴随的物理、化学、生物等过程的相互作用机理和耦合动力学研究，完善和发展环境力学的基本理论体系；三是重点研究新实验方法和技术、高效高精度计算方法，加强一批重大环境流动和灾害的实验装备平台和野外观测设备的建设，支撑自然流动、灾害预测等大型自主数值模拟软件的开发；四是瞄准两个经济发展地区（西部和沿海）、三个方面（水环境、大气环境、灾害与安全）重点开展相关研究工作，包括西部干旱、半干旱环境治理的动力学过程，以水或气为载体的物质输运，能源与资源利用中的有害物质生成与迁移机理，以及重大环境灾害发生机理及预报。

该学科的主要发展方向如下。

（一）自然复杂介质流动和变形问题

针对自然环境和灾害问题的介质复杂性，研究复杂介质的多相多组分流动和变形破坏规律。主要包括复杂介质的基本特性、变形和破坏规律，流动与输运的基本方程和求解方法，气、液、固的界面耦合，多相多组分的相互作用及其对流动的影响等。

（二）极端复杂环境下岩土体破坏孕育过程

在这一发展方向，重点研究复杂多变地质条件、极端赋存环境、多种工程活动等因素引起的岩土体多场耦合变形破坏规律及灾变孕育机理，并实现较为可靠的复杂物理化学过程分析、变形破坏连续监测和灾害动态预测等。

（三）自然环境流动的多尺度效应和多过程耦合

针对环境和灾害问题的多尺度及多过程耦合特点，研究环境与灾害过程的多尺度效应，模型实验的尺度和比尺效应，物理、化学、生物子过程的发生机制及其与流动输运过程的相互耦合机理和作用等。

（四）干旱、半干旱环境治理的动力学过程

西部大开发是我国经济发展的战略步骤之一，与干旱环境生态保护和治理密切相关。重点研究土壤侵蚀机理、沙尘暴形成和输送机理、荒漠化治理，为西部经济和社会发展做科技储备。

（五）城市大气环境和全球环境

在这一发展方向，重点研究大型城市及城市群的大气污染、雾霾形成机理及治理措施，以及关系到人类生存和社会可持续发

展的地球界面过程、厄尔尼诺、工业节能减排等重大环境问题的动力学机制。

（六）大型湖泊、河流、河口海岸水环境

在这一发展方向，重点研究污染物排放过程的精确预报，河流、湖泊和水库的水质生态动力学过程，河口沿海泥沙输运规律和生态环境演化等。

（七）重大环境灾害发生机理及预报

在这一发展方向，重点研究重大环境灾害发生的力学机制和动力学预报模型，如洪水预报、滑坡和泥石流产生机理等与人类生活安全密切相关的灾害发生机理、预测预报模型及方法。

三、爆炸与冲击动力学

爆炸与冲击动力学的未来发展思路如下：一是以国家重大战略需求为牵引，立足解决武器装备、航空航天、民用安全领域中的关键爆炸力学问题，为经济建设和国防建设做出重要贡献；二是瞄准世界科学发展前沿，加强与其他学科的交叉融合，深入研究高温、高压、高应变率等极端条件下的复杂现象及其基本规律，全面提升基础研究水平，力争取得新的突破性进展。

该学科的主要发展方向如下。

（一）爆炸与冲击动力学基本理论与基本规律研究

在这一发展方向，重点研究强动态、冲击载荷下先进材料变形、损伤与破坏的非平衡演化规律、局部化剪切带、动态本构，以及非理想爆轰反应机理及爆轰转变机制等问题。

（二）爆炸与冲击动力学基本方法与手段研究

在这一发展方向，重点开展新实验方法和新实验技术研究、高效高精度计算方法研究等，积极扶持大型动态加载及检测仪器和设备的研制、大型自主仿真软件的开发。

（三）重大应用研究

在这一发展方向，重点研究武器装备、航空航天、民用安全领域的关键爆炸与冲击动力学问题，包括超高速侵彻、超高能量密度炸药及其应用技术等。

四、物理力学

物理力学的未来发展思路如下：一是注重机制分析，着重分析问题的微观机制及力学行为与物理场的深度耦合，进而建立理论模型与方法来解决实际问题；二是注重新方法发展，在物理学的"四大力学"基础上，发展新的物理力学理论和高效的计算方法与工具，解决科学与工程中的难题；三是注重宏微观结合，从微观认识跨越到宏观性能，紧密结合宏微观效应，研究多尺度、多场、多层级耦合问题。

该学科的主要发展方向如下。

（一）多场与多相物质系统的物理力学理论与方法

在这一发展方向，研究多场耦合和多相系统的微结构效应和超常行为、功能的多尺度理论与计算方法，多场耦合作用下物质宏微观性能关联和构效关系的物理力学理论与方法，固液多相介质表/界面性质，水伏效应体系等宏微观多场耦合运动规律的方法。

（二）多场与多相物质系统的实验表征方法与技术

在这一发展方向，研究固液多相动力学系统原位高时空和能量分辨的实验表征方法和仪器设备，多场耦合条件下材料、结构和复杂系统的物理力学实验，基于固液体系的水伏效应、智能性质，高温、辐射、腐蚀、机械载荷等耦合使役环境下材料与器件结构的力学行为、微观机理。

（三）多相物质系统的信息和智能性质

在这一发展方向，研究室温、非平衡状态下气固液多相物质系统的电子、质子、离子、分子和功能固体相互作用体系的多尺度动力学行为和规律，多相物质系统的能量转换新原理、物质－信息－能量关联现象和规律，相应的材料、器件和系统，以及在新能源、信息、环境和类脑智能技术领域的新理论与新方法。

参 考 文 献

白坤朝，詹世革，张攀峰，等 . 2019. 力学十年：现状与展望 [J]. 力学进展，
　　49：599-621.

陈维毅 . 2018. 2016～2018 年中国生物力学研究进展 [J]. 医用生物力学，
　　33（6）：477-482.

戴兰宏 . 2013. 工程科学前沿的拓荒者——郑哲敏 [J]. 力学进展，43（3）：
　　265-294.

方岱宁，裴永茂 . 2011. 铁磁固体的变形与断裂 [M]. 北京：科学出版社 .

冯西桥，曹艳平，李博 . 2018. 软材料表面失稳力学 [M]. 北京：科学出版社 .

冯西桥 . 2017. 生物材料力学与仿生学 [M]. 上海：上海交通大学出版社 .

郭万林 . 2021. 水伏科学技术的发展、挑战与未来 [J]. 科技导报，39（11）：1.

国家自然科学基金委员会，中国科学院 . 2012. 未来 10 年中国学科发展战
　　略·力学 [M]. 北京：科学出版社 .

国家自然科学基金委员会数学物理科学部 . 2017. 国家自然科学基金数理科学
　　"十三五"规划战略研究报告 [M]. 北京：科学出版社 .

胡海岩 . 2020. 力学教育的几个问题及其对策 [J]. 力学与实践，42（5）：598-
　　602.

胡海岩，田强，张伟，等 . 2013. 大型网架式可展开空间结构的非线性动力学
　　与控制 [J]. 力学进展，43（4）：390-414.

姜宗来 . 2017. 从生物力学到力学生物学的进展 [J]. 力学进展，47：309-332.

美国国家理论与应用力学委员会. 2006. 流体动力学的研究：面向国家需求 [J]. 杨延涛，译. 力学进展，36：619-625.

孟光，周徐斌，苗军. 2016. 航天重大工程中的力学问题 [J]. 力学进展，46：267-322.

王鹏，孙升，张庆，等. 2018. 力学信息学简介 [J]. 自然杂志，40（5）：313-322.

王如彬，王毅泓，徐旭颖，等. 2020. 认知神经科学中蕴藏的力学思想与应用 [J]. 力学进展，50：450-505.

王铁军. 2016. 先进燃气轮机设计制造基础专著系列：热障涂层强度理论与检测技术 [M]. 西安：西安交通大学出版社.

魏悦广. 2000. 机械微型化所面临的科学难题——尺度效应 [J]. 世界科技研究与发展，22（2）：57-61.

杨卫. 2017. 中国力学60年 [J]. 力学学报，49（5）：973-977.

杨卫，赵沛，王宏涛. 2020. 力学导论 [M]. 北京：科学出版社.

张伟，姚明辉，张君华，等. 2013. 高维非线性系统的全局分岔和混沌动力学研究 [J]. 力学进展，43（1）：63-90.

赵亚溥. 2018. 力学讲义 [M]. 北京：科学出版社.

郑泉水，欧阳稳根，马明，等. 2016. 超润滑："零"摩擦的世界 [J]. 科技导报，34（9）：12-26.

郑晓静. 2019. 关于极端力学 [J]. 力学学报，51（4）：1266-1272.

中国科学院文献情报中心课题组. 2018. 力学十年：中国与世界 [R]. 北京：中国科学院文献情报中心.

中国力学学会. 2012. 中国力学学科史 [M]. 北京：中国科学技术出版社.

周益春，等. 2018a. 物理力学前沿·卷Ⅰ [M]. 北京：科学出版社.

周益春，等. 2018b. 物理力学前沿·卷Ⅱ [M]. 北京：科学出版社.

Duraisamy K, Iaccarino G, Xiao H. 2019. Turbulence modeling in the age of data[J]. Annual Review of Fluid Mechanics, 51: 357-377.

Li J C, Liu Q Q, Zhou J F. 2003. Environmental mechanics research in China[J]. Advances in Applied Mechanics, 39: 217-306.

Tsien H S. 1953. Physical mechanics, a new field in engineering science[J]. Journal of the American Rocket Society, 23(1): 14-16.

Yang W, Wang H T, Li T F, et al. 2018. X-mechanics: an endless frontier[J]. Science China: Physics, Mechanics & Astronomy, 62(1): 1-8.

Zhou Y H. 2021. Wavelet Numerical Method and Its Applications in Nonlinear Problems[M]. Singapore: Springer.

关键词索引